U0020293

TOM DEMARCO 湯姆‧狄馬克、TIMOTHY LISTER 提摩西‧李斯特 ——— 著　譯 ——— 錢一一

與熊共舞

軟體專案 的 風險管理

WALTZING WITH BEARS

Managing Risk on Software Projects

WALTZING WITH BEARS: Managing Risk on Software Projects by Tom DeMarco and
Timothy Lister (ISBN: 0-932633-60-9)
Original edition copyright © 2003 by Tom DeMarco and Timothy Lister
Chinese (complex character only) translation copyright © 2004 by EcoTrend Publications,
a division of Cité Publishing Ltd.
Published by arrangement with Dorset House Publishing Co., Inc. (www.dorsethouse.com)
through Chinese Connection Agency, a division of the Yao Enterprises, LLC.
All rights reserved.

經營管理 26

與熊共舞：軟體專案的風險管理（經典紀念版）

作　　　者　湯姆‧狄馬克（Tom DeMarco）、提摩西‧李斯特（Timothy Lister）
譯　　　者　錢一一
責 任 編 輯　林博華
行 銷 業 務　劉順眾、顏宏紋、李君宜

總　編　輯　林博華
發　行　人　凃玉雲
出　　　版　經濟新潮社
　　　　　　104 台北市民生東路二段 141 號 5 樓
　　　　　　電話：(02) 2500-7696　傳真：(02) 2500-1955
　　　　　　經濟新潮社部落格：http://ecocite.pixnet.net
發　　　行　英屬蓋曼群島商家庭傳媒股份有限公司城邦分公司
　　　　　　台北市中山區民生東路二段 141 號 11 樓
　　　　　　客服務專線：02-25007718；25007719
　　　　　　24 小時傳真專線：02-25001990；25001991
　　　　　　服務時間：週一至週五上午 09:30-12:00；下午 13:30-17:00
　　　　　　劃撥帳號：19863813；戶名：書虫股份有限公司
　　　　　　讀者服務信箱：service@readingclub.com.tw
香港發行所　城邦（香港）出版集團有限公司
　　　　　　香港灣仔駱克道 193 號東超商業中心 1 樓
　　　　　　電話：852-25086231　傳真：852-25789337
　　　　　　E-mail: hkcite@biznetvigator.com
馬新發行所　城邦（馬新）出版集團 Cite(M) Sdn Bhd
　　　　　　41, Jalan Radin Anum, Bandar Baru Sri Petaling,
　　　　　　57000 Kuala Lumpur, Malaysia
　　　　　　電話：603-90578822　傳真：603-90576622
　　　　　　E-mail: cite@cite.com.my
印　　　刷　一展彩色製版有限公司
初 版 一 刷　2004 年 12 月 1 日
二 版 一 刷　2021 年 4 月 13 日

城邦讀書花園
www.cite.com.tw

ISBN：978-986-06116-9-4

定價：480 元

Printed in Taiwan

〈出版緣起〉
我們在商業性、全球化的世界中生活

經濟新潮社編輯部

　　跨入二十一世紀，放眼這個世界，不能不感到這是「全球化」及「商業力量無遠弗屆」的時代。隨著資訊科技的進步、網路的普及，我們可以輕鬆地和認識或不認識的朋友交流；同時，企業巨人在我們日常生活中所扮演的角色，也是日益重要，甚至不可或缺。

　　在這樣的背景下，我們可以說，無論是企業或個人，都面臨了巨大的挑戰與無限的機會。

　　本著「以人為本位，在商業性、全球化的世界中生活」為宗旨，我們成立了「經濟新潮社」，以探索未來的經營管理、經濟趨勢、投資理財為目標，使讀者能更快掌握時代的脈動，抓住最新的趨勢，並在全球化的世界裏，過更人性的生活。

　　之所以選擇「**經營管理－經濟趨勢－投資理財**」為主要目標，其實包含了我們的關注：「經營管理」是企業體（或非營利組織）的成長與永續之道；「投資理財」是個人的安身之道；而「經濟趨勢」則是會影響這兩者的變數。綜合來看，可以涵蓋我們所關注的「個人生

活」和「組織生活」這兩個面向。

　　這也可以說明我們命名為「**經濟新潮**」的緣由──因為經濟狀況變化萬千，最終還是群眾心理的反映，離不開「人」的因素；這也是我們「以人為本位」的初衷。

　　手機廣告裏有一句名言：「科技始終來自人性。」我們倒期待「商業始終來自人性」，並努力在往後的編輯與出版的過程中實踐。

中文版序

Tom DeMarco

每當我們的作品轉換到另一個不同文化的時候，我就神往不已。美國文化和中華文化以多種驚奇面貌呈現出彼此的差異——說驚奇，乃因它的多元多樣、多采多姿——特別是一想到中文讀者們即將感受到這份成果的價值，我就滿心歡喜，果真如此，就要歸功於譯者錢一一先生的膽識與靈巧，從我們交談的過程當中，我發現他是一位觀察很敏銳的讀者，思維周密，善於分析。同時，也要感謝經濟新潮社對本書所展現的企圖心。

任何著作能夠突破文化差異的限制，就是一項奇蹟，對《與熊共舞》來說尤其如此，因為這本書講的是風險，而風險認知在本質上就深受文化的影響。受到不同文化的薰陶，面對同一件事情，看待的方式就有千百種。就風險管理而言，其中一個與文化汲汲相關的問題，就是人們有多少意願去面對有可能衝擊本業的不利因素。在非常宿命的文化中，人們可能會選擇不理不睬，並對風險存有某種設想，想想古希臘就是這樣，「一切都是諸神的意旨」；然而在美國牛仔文化中，人們就傾向於事到臨頭再想辦法，沒事兒何必自尋煩惱。顯然，這兩種態度都與風險管理的理念相違背。

　　最後，在讚美譯者和出版社之餘，也要讚美一下讀者您，肯多接觸來自另一個世界、與自己文化迥然相異的著作，並認同它的價值，進而應用在自己的工作上，為了表達對您的敬意，在此以我能想得到的詞彙，稱呼您為「智慧型冒險家」。謹祝您的事業冒險順利成功。

Preface to the
Chinese Edition

Tom DeMarco

I am always charmed when a work of ours makes a transition to a different culture. The US and Chinese cultures are different in so many wonderful ways — wonderful because diversity is wonderful — that I'm particularly pleased to think that Chinese readers will find value in our work. If they do, it will be largely due to the audacity and cleverness of the translator, Bill Chien. In all of our dealings, he has shown himself to be the most discerning of readers, and the most thoughtful of analysts. We are also indebted to EcoTrend Publications for taking on this ambitious project.

That any written work should be able to transcend cultural difference is a kind of miracle, but it is even more so in the case of *Waltzing with Bears*. Because the book deals with risk and because genuine risk awareness is so much influenced by culture, people with diverse upbringings may naturally tend to respond to the subject in widely different ways. One of the culture-dependent problems of risk management is how willing people are to consider the bad things that may affect their work. In a very stoic culture, people may elect to shrug and roll their eyes at the very idea of risk, to think as the ancient Greeks did that, "it's all in the hands of the gods." In a cowboy culture like the US, people tend to think, I'll handle that problem if and when it happens, and I won't worry about it till then. Obviously neither of these attitudes is very conducive to sensible risk management.

Now that I have already praised both the translator and the publisher, I shall end with a bit of praise for you, the reader. By immersing yourself in a work that comes from a world quite different from your own, and by your determination to find value in it and apply that value to your work, you are proving yourself to be a kind of intellectual adventurer. I hope you are complimented by that because in my vocabulary there is no higher term of praise than "intellectual adventurer." I wish you best of luck on the adventure you're about to undertake.

致謝

很多人都以為編輯和出版社的角色就是在檢查文法、挑錯字和監督印刷流程，錯！感謝 Dorset House 的 David McClintock 、Wendy Eakin 、Vincent Au 和 Nuno Andrade ，從初稿開始，經過他們不厭其煩地潤飾、修訂，這本咱倆引以為榮的書才得以誕生。尤其「交稿時還醜醜的、定稿後卻精美無比」，太令人佩服了，謝謝您們。

同時要感謝我們的夥伴 Rob Austin 、Barry Boehm 、Christine Davis 、Mike Evans 、Sean Jackson 、Steve McMenamin 和 Mike Silves ，透過這次機會，他們慷慨提供的看法與見解不但造福了大家，也使我們在自身的專業領域中得到了工作樂趣。

特別感謝兩位風險管理的開路先鋒，Bob Charette 和已故的 Paul Rook ，若非跟隨他們的腳步，我們不會走得那麼順暢。

最後，感謝過去十多年來向我們諮詢的客戶，正是這些公司，證明了有價值的專案總是伴隨風險，而逃避風險的將是輸家。我們也了解這些人不怕冒險，他們勇於冒重要的險。

作者說明

本書共分為五個部分，每部分都旨在回答一個重要問題，這些問題可能是一般新任的或未來的風險管理者很想問的。

Part Ⅰ：為什麼要自尋煩惱做風險管理？

Part Ⅱ：為什麼不要做風險管理？（有些組織根本不願引進風險管理，作者忠實舉出一些潛在的理由。）

Part Ⅲ：該如何做風險管理？

Part Ⅳ：組織該冒多少風險？

Part Ⅴ：怎麼知道風險管理管不管用？

每部分一開始，都會把上述問題再分解成幾個更小的問題，隨後的章節讀完後，便能得到解答——或許，我們也還沒找到最完美的解答。

發言

本書大部分是屬於聯合發表的內容，文中若看到「我們」兩字，指的就是咱們兩個作者，有時，我們也喜歡發表一下個人觀感，這部分的段落就會標註成：

11

TRL ：這代表是我（Tim）在說話。

TDM ：而這是我（Tom）。

網站

做為本書的補充材料，第12章會提到一個我們建立的網站：

http://www.systemsguild.com/riskology

上頭放了一些有助於風險管理的工具。若有新工具，或有什麼新消息，我們也會隨時更新網站。

關於書名

「與熊共舞」其實是取材自 Dr. Seuss 所著的《*The Cat in the Hat Songbook*》裏頭的一首歌，[1] 歌詞裏說 Terwilliger 叔叔每個禮拜六都會「悄悄走下樓，／躡手躡腳出門，和熊跳起華爾滋」。

Terwilliger 叔叔無疑是一位冒險家──希望他對風險評估（risk assessment）、抑制（containment）、紓緩（mitigation）很有一套，若如此，他就是專案經理的最佳模範了。對具有風險的軟體專案來說，必要時，這些專案經理都得跟自己的熊跳一跳舞。

---

1 Dr. Seuss and Eugene Poddany, *The Cat in the Hat Songbook* （New York: Random House, 1967 ，中譯本《戴帽子的貓》遠流出版）.

獻給 Sally O. Smyth 和 Wendy Lister

兩位大師級的風險管理者

目錄

Part III ：如何管理風險

Part IV ：該冒多少風險

Part V：管不管用

與熊共舞
軟體專案 的 風險管理

◆ 經典紀念版 ◆

WALTZING WITH BEARS

Managing Risk on Software Projects

序言

信仰的道德

倫敦，1876 年 4 月 11 日晚間將近 10 點：走在格洛斯維諾廣場（Grosvenor Square）的人行道上，四周都是維多利亞時代的儒雅紳士，頭戴高頂禮帽，身著晚禮服，朝向富麗堂皇的格洛斯維諾大飯店前進，我們跟隨大家的腳步進入飯店，聽從引導上樓，來到一間雅室，倫敦菁英玄學協會（London's elite Metaphysical Society）每個月的例會就在這裏舉行。

協會成員包括 Alfred Tennyson、William Gladstone、Thomas Huxley、Cardinal Manning、Arthur James Balfour……總之，都是倫敦知識份子的菁英。跟以往一樣，當晚討論的主題就是哲學。會前，大夥兒都會三五成群，聊聊上次的議題，當我們徘徊其中的時候，聽到了本體論（ontology）、同義反覆（tautology）、認識論（epistemology）這些字眼，有些討論挺熱烈的。

由於當天主講人較為特殊，也就是新入會的 William Kingdon Clifford，因此空氣中瀰漫了一股緊張氣氛。Clifford 是倫敦大學的邏輯和數學教授，是公認的無神論者，也是一位堅決反偶像、反迷信的人，一般預料，他的發言將會非常火辣。目前，他也是最年輕的會

員。

按照慣例，新會員都要準備一篇論文，並在第一次與會時發表。但在Clifford 發表之前，那篇文章的標題〈信仰的道德〉（The Ethics of Belief）早已口耳相傳，只差沒聽到內容。看樣子，到時候會很精彩。

事實上，Clifford 才講到一半，許多人就發出憤怒、抗議的腳踏聲，協會祕書已公開辭職不幹，他本來要負責為會員們準備演講稿，但他拒絕這麼做。其餘會員也都站了起來，有的為Clifford 鼓掌叫好，有的叫他閉嘴，周圍的溫度明顯升高，整個場面看起來真是有點不英國。

到底〈信仰的道德〉講些什麼，竟然惹得群情激動？在這篇評論中，Clifford 主張，對於你所選擇去相信的事物，都應該接受他人的道德批判。你的信仰可能會讓你背上不道德的罪名，套句Clifford 的話，這得看你是否「有權去相信」你所相信的東西。[1]

他舉例，一艘移民船滿載著旅客正準備出航，但船主知道這艘船當初造得並不理想，現在也很舊了，所以非常擔心是否能順利完成航行。然而，船主還是克服了心中疑慮，說服自己再航行一次應該無妨，畢竟，這艘船經歷過不少大風大浪，每次不也都衝破難關，平安靠港？所以再多跑一次應該不會有事。

於是船就啟航了，結果，沉了，所有乘客都葬身海底。

Clifford 問道：「對這位船主，我們能說些什麼呢？」他的答案是：

---

[1]　請參考附錄A〈信仰的道德〉第 1 部分（The Ethics of Belief, Part I）。

無庸置疑，人都死了，他當然有罪。雖然，大家都知道他衷心期盼船不會出問題，但是，就算這份信念再誠懇，對他卻是一點幫助都沒有，因為，他並沒有任何權利就這麼相信當前的證據。他的信心，並非建立在忠實地進行孜孜屹屹的調查，而是把原本的疑慮抑制下去。就算他最後也許意識到不該這麼想，然而，只要當初存心並欣然讓自己陷入這樣的心境，他就必須對這樣的後果負責。

隨後，同樣的故事稍微改變一下，Clifford 又問，假如這艘船最後完成航行，大家都平安到達，船主的罪過就會比較小嗎？

一點也不，事情一旦做下去，是對是錯就已經確定了，就算結果的好壞會有意外，也無法改變事情對錯。這個人並非無罪，只是還沒遭到報應。是對是錯，得看信仰的出發點，而跟信仰本身一點關係都沒有，信仰是什麼並不重要，重點在於他是怎麼做才得到這份信仰，這也跟信仰最後證明是真是假無關，而要看他是否有權就這麼相信當前的證據。

早在Clifford 之前就有一種說法，即信仰永遠無法放在道德的明燈下檢驗，只要我喜歡，任何狗屁倒灶的事都可以相信，甚至相信不可能的事，就像《鏡中奇緣》（*Through the Looking Glass*）裏的白皇后。當愛麗絲認為人們絕不會輕易相信不可能的事情時，皇后回答：

「我敢說，妳沒有多少實際經驗……我在妳這年紀的時候，每天都會有半小時是花在相信不可能的事。呵，有時我在早餐前就會相信六件不可能的事。」

　　對於在早餐前就會相信六件不可能的事，世上大概沒有任何工作比軟體專案管理更被要求具備這種能力了。對於期限、預算、績效，我們往往被寄予厚望，以致於就算時間終會證明不可能達成，我們也會讓自己陷入相信一切都將順利的心態。

　　當我們這麼做的時候，跟船主告訴自己要相信自己的船，兩者之間並沒有什麼不同。甚至你或多或少都曾經這麼做，也可能是在別人慫恿下這麼做。譬如，老闆要你接一個案子，只有三個人，必須趕在耶誕節前完成，於是你表明疑慮，認為時間根本不夠。

　　「這正是我為什麼要找你的原因。」老闆向你推心置腹。

　　於是就這樣陷入困境：你接了這份工作、這項挑戰、以及這份尊榮……但同時你也必須相信這個時程，這是必須付出的代價。你把困難都嚥回去，承諾一切包在你身上，隨後，鼓舞自己的信心，的確，耶誕節為什麼辦不到呢？其他專案都還有更快完成的，可不是嗎？也許很快就會覺得充滿信心，或許時間終會證明事情其實是在意料之外，但此時此刻，你幾乎相信可以完成這項工作。

　　不過，在這種情形下，William Kingdon Clifford 的問題應該可以潑你一桶冷水。沒錯，這是你相信的事，但你是否有權就這麼相信呢？就憑這些當前的證據，你是否有權去相信這個時程呢？

　　唯一可以讓你有權去相信的，叫做風險管理。凡是因不確定性而造成錯綜複雜的事情，都可以應用 Clifford 這套信仰的道德來當作基本規範，透過這樣的規範，可以戳破以往充斥在工作中那些自欺欺人的謊言，從而引導你把事情（例如，軟體專案）做成功。這將是除了相信「早餐前就會有六件不可能的事」之外的另一個選擇。

Part I
為什麼要管理風險

- 為什麼要管理風險——為什麼不乾脆避開它？

- 何謂風險？又何謂風險管理？

- 風險若不管理，會有什麼後果？

- 我們的程序是否健全到足以處理風險？

- 為什麼需要一套新的規範？

1

擁抱風險

不入虎穴，焉得虎子。當接到一個看起來沒風險的專案，你可能會認為風水輪流轉，總算出運了，終於做到簡單的案子了。對此，我們也都有過相同的反應。其實，這很笨，專案如果沒風險，那才糟糕哩！因為這表示沒賺頭，如果有，別人早做了。你得把時間和精力花在更值得去做的事：

> 不做沒風險的專案。

風險和報酬總是焦不離孟，孟不離焦，專案充滿風險，正因為裏頭有東西沒人做過，它迫使你使出渾身解數。這意味如果做成功、通過考驗，就能殺得競爭對手措手不及，你的能力會達到一個讓競爭對手招架不住的位置，得來的競爭力將幫助你在市場上建立獨特品牌。

好機會就這樣飛了

一昧逃避風險，只專注在自己有十足把握的事物，無異於把領土

割讓給敵人，這方面在 1990 年代有一些為人津津樂道的例子。當時，相傳有兩個演進趨勢：

1. 應用軟體和資料庫正從傳統的主機與終端機型式，移轉到主從式（client/server）。

2. 許多公司正轉換成以某種全新、之前都想像不到的方法，與客戶直接互動：透過網際網路（Internet）、整合供應鏈（integrated supply chain）、拍賣機制（auction mechanism），以減少交易中介。

很不幸，許多公司只把重心放在第一點，卻忽略第二點。以為只要成功採用主從式，其餘都很輕而易舉，可以閉著眼、躺著幹。事實上，在 90 年代，假如心力全都花在主從式的轉換，你的確是閉著眼，你已喪失了先機。

美林證券（Merrill Lynch）就是一個榜樣，線上交易（on-line trading）的趨勢看來還早得很，而且困難重重⋯⋯於是決定予以忽略，祈求好運，盼望有一天會重回全套服務佣金（full-service brokerage）的時代（有豐厚報酬，還有永遠巴著你不放的代理商），直接買賣不過是一時流行。這是多麼可悲的冀望啊！今天，全套服務佣金已跟全套服務加油站一樣隨風而逝，今天，美林證券用很便宜的價格供顧客們在線上交易，但它花了將近十年的時間才學到這點，美林證券可說是末代的「晚期接受者」（late adopter）。

「早期接受者」（early adopter）就像富達投資（Fidelity）、嘉信理財（Schwab）和 E-Trade，其中 E-Trade 和一些同類公司的創立，就是為了把握這次變遷的機會。假如最後證明線上交易只是一時流

行，E-Trade 將會倒閉完蛋，但損失的不過是創業資金而已，這本來就明知是有風險的。另一方面，富達投資和嘉信理財則是老字號的公司，押錯寶可就賠大了，就這點來說，它們跟美林證券並無不同，但它們卻勇於冒險。

　　富達投資和嘉信理財的 IT 人員對新事業的風險心知肚明。我們花兩分鐘做了一下腦力激盪，得到一份列表，顯示在 90 年代初期爭奪網路交易市場明顯會遭遇的風險：

- 開發能力不足；必須學習通訊協定、語言，以及一些像是 HTML、Java、PERL、CGI、伺服端邏輯（server-side logic）、驗證、安全性網頁的運用方式，還有一大堆到現在都還不知叫什麼的新技術。
- 沒有配套支援的能量；必須建立使用者諮詢櫃檯、查核紀錄、監督軟體、系統導覽——全都是之前沒做過的。
- 線上交易的安全性頗令人擔憂；我們會被駭客、瘋子、有計畫的犯罪、自己的客戶和員工攻擊。
- 可能得不到所需的經驗和人才。
- 到頭來可能會發現，根本就不要先做出網路交易系統，因為時機一到，顧客自然會花更多錢請我們做。
- 人們可能在嘗試線上交易之後，又重回電話交易的懷抱，留下瀕臨破產的我們。
- 可能好不容易才讓自己的顧客熟悉新的交易模式，卻被競爭者搶走；這些新時代的交易者可精得很。

　　無庸置疑，這些風險美林證券也很清楚，但它卻選擇逃避，一直

在原地掙扎，而富達投資和嘉信理財則決定向這些風險挑戰，結果在
90 年代積極成長。

今天有何不同？

我們處在改變的洪流之中，這也許會為平靜的生活帶來混亂。突
然間，世界連結得更加緊密，一個有史以來最大的數位網路把大家連
結在一起：個人彼此之間，與公司、以及與他們賴以為生的服務供應
者之間，都更緊密地連結；公司與客戶、員工、市場、經銷商之間，
以及跟他們工作有連帶影響的政府部門之間，也都更緊密地連結。而
且，這種趨勢仍在持續當中。

在這動盪的時代，勇於冒險的態度非常重要，這關係到許多比效
率更重要的東西，效率頂多使你成為一個讓人想取而代之的目標罷了
──會超越你的，也許就是某個缺乏效率的競爭者，只因他更積極去
冒險。

Charette 的風險電扶梯

同為作者和風險管理專家的 Bob Charette 提出了一個挺新鮮的想
法，幫助大家體會當今環境下的冒險情形。請想像你和競爭者都在爬
電扶梯，當然，電扶梯和大家移動的方向相反。電扶梯移動越快，每
個人的腳步就要越快，假如停下來，哪怕只是停一下下，就會往下
掉。當然，如果停太久，掉到谷底，就再也爭不過人家了。

在 Charette 的電扶梯世界裏，允許新競爭者從電扶梯的中間開始

爬，所以，如果你往下掉，保證新競爭者會從一個高於你的位置起跑。

　　在每個電扶梯的頂端有一支推桿，可以控制所有電扶梯的速度。如果第一個搶到推桿，就表示你最優秀，有權加速電扶梯，保持上風，而你的競爭者卻不行。

　　加速其他所有電扶梯，就是你冒的險，若不冒險，保證你的世界將會由某個競爭者來塑造和支配。在這個「冒險才有收穫」的時代，逃避風險的公司將落得被瓜分掠奪的下場。

忽視風險

　　有些公司看似明瞭冒險的必要性，但往往表現出以下怪異行為：對於冒險後可能遭遇的不幸視而不見，以強調正面思考。這是一種辦得到（can do）的態度，但卻過於極端。因為他們覺得，風險認知（risk awareness）多少都隱含了辦不到（can't do）的意味，所以認為不妥，為了維持前途樂觀的氣氛，便悍然拒絕進行太多負面思考。例如，某些可能出狀況、讓案子大出洋相的事情，他們根本就不希望你去想。

　　現在，沒人會笨到忽視所有的風險，幹這種傻事都是有選擇性的，典型做法就是精心擬定一份列表，分析追蹤所有次要風險（亦即，預料透過管理作為可以消除的風險），而只忽略真正見不得人的風險。

TDM：身為國防部（DoD）顧問團 Airlie 委員會的一員，為監督政

府的軟體獲取業務，我有時會列席風險管理簡報。曾經有一個追蹤好久的案子，我特別感興趣的，就是去看看它是怎麼處理那種真正讓我害怕的風險。當時，該專案正在開發一套軟體，用以取代具有千禧蟲（Y2K）的系統，如果交付延誤，就會造成災難。我還聽說，承包商在期限內必須交付的程式碼份量，將近六倍於過去他們在相同時間內所能做出來的東西。其實這個專案最叫人膽顫心驚的，就是期限屆滿還趕不出來，到時可沒有其他替代方案。

當專案經理把關鍵風險列表端出來時，我非常驚訝，其中竟然沒有任何一個風險跟時程有關，事實上，就他評估的結果，最主要的風險就是「個人電腦的效能」，亦即擔心目前的機器不夠快。「但是，嘿！別擔心，」他告訴大家，「我們已經準備一套加強過的電腦配置方案。」我很快就知道問題所在：假如對某個風險拿不出辦法，他就會把它忽略掉。

這根本稱不上是明智的風險管理，若選擇擁抱風險，而非逃避，就必須持續睜大雙眼，緊盯著前面出現的東西。

現在要怎麼辦？

做為開場，這一章的目的就是舉出一個普遍的冒險案例（擁抱風險的策略，而非逃避），其中也提到一些風險管理的經驗，希望能在你心中引出一些想法。或許下列問題正是你現在想要問的，它們都會在後續章節中逐一探討：

- 什麼才是風險？管理風險有什麼意義？（第 2 章）

- 風險若不管理，會有什麼後果？（第 3 章）

- 為什麼要費心改變做法？（第 4 章）

- 在進行風險管理時，會遭遇什麼問題？（第 II 部分）

- 該怎麼做？（第 III 部分）

- 風險和機會之間，該如何取得一個平衡點？（第 IV 部分）

- 如何知道風險管理已經落實了？（第 V 部分）

2

風險管理是成年人的專案管理

小組組長：明天，我們打算為此開個會，不過，我認為討論出來
　　　　　的結果將會更糟。

專案經理：那就別開那個會。

本章開宗明義為風險管理下了一個定義（標題後半段）：成年人
　　的專案管理。

　　這並不是在挖苦什麼（好吧！的確有那麼一點挖苦的成分，不過
倒也貼切），對於日常生活中的不如意，只要是成年人，幾乎都得逆
來順受，為可能發生的意外煩惱。小孩子就不用管爆發核子戰爭要怎
麼辦，也不用為環境惡化、綁架、濫採濫伐、黑道猖獗傷腦筋，但身
為孩子的爹、娘，便有責任為這些事情操心，至少保證悲劇不會發生
在孩子這段懵懂無知的時光。您必須面對現實生活中的不順遂，因為
您是成年人。

　　把可能發生的意外（風險）明確寫下來，並為此好好規劃一番，
正是成熟的表現。注意，這裏用的**成熟**兩字跟 IT 產業認知的並不一
樣，咱們軟體人比較喜歡把這個字眼視為技術上的成熟度，甚至還把

它分為五個等級，即能力成熟度模型（Capability Maturity Model, CMM）。[1] 但是，在標準英文裏，成熟跟專業技術一點關係都沒有，倒是代表一種成年人的特質，說明一個人或一個機構的作為，是不是已經達到足以稱為成年人的水準。

緬懷過往，當我們擔任專案經理時，都曾逃避過管理風險，這可說是一種很幼稚的作為。事實上，這方面整個業界都很幼稚。辦得到（can-do）的態度令我們陶醉，總認為一定會有最美好的結局，寧願抱持駝鳥心態，也不願思考現實的多變其實會讓美夢破滅。（對此，請特別參考第3章的案例。）

只憑前途一片光明的景象來做為專案計畫的基礎，就知道這是小孩子才會幹的事，然而，我們卻常常這麼幹。當我們做出這些不成熟的舉動時，還會仗著專業技術的進步，自以為很「成熟」。

現在，對於成熟，我們需要另一種較為傳統的解讀方式，我們要長大，明確寫下風險並加以規劃，而這正是風險管理要談的東西。

但是，若不先把風險定義一下就去定義風險管理，似乎有點本末倒置。好，何謂風險？

風險：暫時性定義

我們對軟體專案的風險概念，主要是來自於對許多失敗專案所做的觀察。在我們當顧問的日子裏，常常都要打官司，打官司都是專案

1　我們現在需要的是只有簡單幾個步驟的程序，以撇開這五種成熟度等級的量測方式。

徹底失敗的後果，這份工作有助於我們大規模蒐集失敗的資料。回顧這些失敗專案，可知造成意外結果的因素就是它們的風險。所以，對未來的專案也一樣：可能會造成意外結果的事物就是風險。據此，我們暫時定義風險為：

風險　*n*　1：一個有可能在未來造成意外結果的事件　2：意外結果本身

一是因，二是果，兩方面都很重要，但請不要自以為兩方面都可以管理得很好。風險管理的事務，著重的就是成因風險（causal risk）的管理，亦即你能管理的部分。（至於風險管理的評量，則著重在結果的分析。）

之所以說是暫時性定義，是因為它假設風險要麼發生，要麼不發生。當然，這種說法並不能一體適用，許多風險不必然會發生，對專案造成的不利影響也不盡相同。為了考量這些非兩極化的風險，後續章節會重新思考風險的定義。目前，上述定義應已足夠。

風險與問題

有關風險的定義，還有另一種拐彎抹角的說法：所謂風險，就是還沒發生的問題；所謂問題，則是已經成形的風險。

在問題發生之前，風險只是抽象的概念，是某種有可能會對專案造成影響的事物，忽視它，可能結果也不怎麼樣，但若不管它，並不代表沒有管理疏失，套句 William Clifford 說的話，只是——「還沒遭到報應」。

風險管理是在問題發生之前，預先思考應變措施的過程，這還是一個抽象的概念。而與風險管理相對的**危機管理**（crisis management），則是在問題發生之後，嘗試去琢磨該怎麼善後。

風險蛻變和蛻變指標

想像一下，當原來某些被視為風險的事物突然變成問題時，本來很抽象，只是一種可能性，但現在不再抽象，它發生了，這個時間點我們稱風險成形（materialize），即**風險蛻變**（risk transition）之時。

對風險管理者來說，蛻變是很重要的概念——它是一個事件，任何事先為風險規劃的行動，都因這個事件而觸發了。好吧！在大部分的時候，實際上的蛻變可能並不那麼明顯（比如說，海珊決定要入侵科威特了），真讓你明顯看到的，就是**蛻變指標**（transition indicator）（大批軍隊已在邊境集結）。任何需要納管的風險都有某些蛻變指標存在，當然，其中某些指標特別管用，它們多半跟重大事件有關。

紓緩

你之所以會在意蛻變，正是因為當指標出現警訊時想採取某些行動，若在蛻變前冒然行動就太早了——這也許既花錢，又浪費時間——於是，理所當然，你希望能免則免。然而，當要暫緩某些應變措施時，某些方面卻可能不允許耽擱，為了保持決策彈性，並為可能的後續發展進行修正，有些步驟在蛻變前就必須進行，這叫做**紓緩**（mitigation）。

請觀察一個非我們本行的紓緩範例：美國法院系統。每位陪審員都可能會生病、退休、過世，或因故不再適任，於是法院會為每個陪審案指派幾位代理陪審員，假如原班人馬能勝任，就沒代理陪審員的事，一旦有需要，他們隨時都可上場──由於代理陪審員也是全程參與，所以能掌握全盤狀況──加入這個角色，整個案子就可不受某個人影響而順利進行下去。這裏要對付的，就是當某個陪審員無法出席，因而造成流會、再審的風險，這些都伴隨金錢和時間的損耗；紓緩行動就是一開始引進一位以上的後補人員，假如風險成形，就可用最小的代價將之消弭。

把陪審員缺席類比到 IT 產業裏的專案，就是人力流失，這是所有軟體專案都會遭遇的重大風險之一。類似於指派代理陪審員的做法，便是一開始配置過多的人員，暫時把超額人手當作見習或支援性的角色，一旦有人離職，不必重新雇用新手，只要選擇一位見習人員來接手，便可在最短時間內恢復生產力。

紓緩不但花錢，也花時間，如果運氣好到沒話說，這些花出去的錢和時間就顯得有點浪費，由此可能會引申出一個會讓你做不好風險管理的謬誤，所以，我們後續會再針對這一點加以說明。

範例：學校裏的風險管理

運用剛定義過的術語，讓我們來做個練習。想像一下，您是一所貴族私立寄宿學校的校長，照顧五到八年級的小男生和小女生，目前正在實施風險管理。

身為這一行的專家，您非常清楚有哪些重大變故（風險）可能會

發生並危及孩童，為此，您時時刻刻都在煩惱，一直無法放心，畢竟，託付給您的都是別人的孩子，這責任可不輕。

有些惱人的事，也許只要在蛻變時動點腦筋，就可被您或幕僚們控制住，平安度過。例如，並沒有必要弄出一份如何處理枕頭大戰的詳盡計畫，任何一位能幹的老師都知道該怎麼處理，也有能力處理得很好。

但您心裏有數，還有一類較為嚴重的風險，需要嚴肅面對，必須事先深入規劃才行，例如，宿舍失火。總不能讓一場大火證明您沒有做好災前功課，這非常丟臉。這些功課（紓緩措施）包括滅火器的配置、警鈴的裝設、消防演習、自動灑水系統的投資等等。

當這類風險發生時（蛻變），剛開始可能不易察覺，所以，必須擬出一個機制，以持續留意某些狀況出現時發出警告（蛻變指標）。這些機制有一些選擇，或許只要請宿舍管理員每隔幾個小時就去查看一下偵煙器和感熱器，也可以安裝煙霧警報器。在下決定時，您認為蛻變指標應該越早發現狀況越好，於是煙霧警報器明顯是比較好的選擇。

您很清楚，火災只是眾多必須做好預防措施的風險之一，於是您召集全體老師和員工，向他們提出問題。您建議大家開個研討會（風險探索腦力激盪），把所有必須事先規劃的風險整理出一份完整的列表（風險調查報告）。

您問：「哪些風險必須事先做好準備呢？」他們提出火災、運動傷害、食物中毒、被老師、員工或校外的陌生人性侵害、學生之間進行性實驗、毒品、槍械、因意志消沉而自殺、攻擊老師或其他孩童等等。

　　其中也包括某些不值得納入管理的意見（學校被隕石打了個正著，只剩下殘垣瓦礫，全體師生壯烈成仁），還有一些不太確定是否該算在您責任範圍內的，例如，「某些科學方面的課程動搖了某位學生的宗教信仰」。這是該去管理的風險嗎？記下來，將之納入腦力激盪的討論，隨後持續重新檢討這份列表，針對這些風險進行某些更深入的工作（風險分析）。您必須決定哪些風險該管理，哪些不必管理（風險分類），最起碼要決定最適合的觸發機關（蛻變指標），規劃好蛻變前該採取的行動（紓緩措施），並評估風險的相對重要性（承擔分析）。

　　當腦力激盪趨於穩定，並不意味就沒事了，還得律定一套長遠的運作機制（持續進行的風險探索程序），以找出需要納管的新風險，或許得指派專人負責（風險主任）。

風險管理的主要活動

　　從上述的例子中，可摘要出五個主要的風險管理活動：

- 風險探索（risk discovery）：一開始先進行風險腦力激盪，然後把風險歸類，再訂出一套可長可久的運作機制，使這套程序持續進行下去

- 承擔分析（exposure analysis）：以風險成形的機率、及其潛在的衝擊程度為基礎，量化每個風險

- 應變規劃（contingency planning）：萬一風險真的成形，你期望採取的行動

- 紓緩（mitigation）：在風險蛻變前必須進行的步驟，使事先規劃的應變行動在必要時能發揮作用
- 蛻變的持續監視（ongoing transition monitoring）：風險被納管之後，就要進行風險追蹤，留意是否成形

以上，除第一項是屬於全面性的活動之外，其餘針對的都是個別的風險。

相同道理的另一個範例

其實，風險管理是我們大部分人常常做的事——除了待在辦公室裏的時候。大家天天都在面對罹患疾病和英年早逝的風險，為了減輕這類風險的衝擊，我們會購買人壽保險和健康醫療保險，並及早安排當惡耗來臨時接手照顧孩子的人選，我們不會假定自己長生不老，也不會假定歹運來時不會奪走謀生能力。每當我們承擔了新的責任——或說是一種奉獻——對於任何不想見到的災難，我們都會仔細留意督促自己思考，萬一它真的發生，該怎麼辦？

雖不是什麼先進技術，但正如所料，想要在辦公室裏推動風險管理，將會面臨一些特別的挑戰。

挑戰想都別想的風險

在專案面臨的風險之中，有些可能非常致命，說致命，針對的是某些人在專案建立之初就有的期待和願望。這些風險是最基本要加以

管理的，但若去管理它們，顯然又會陷入與既有文化相衝突的矛盾之中。對於你負責的專案，可能早就被公司最高執行長當眾宣佈了固定的時程 —— 在眾目睽睽的壓力之下 —— 產品將在某一天誕生。最高執行長透過非常公開的手段，讓大家都知道這個日期，企圖讓時程延後變成想都別想的事。

　　其實我們都知道，對於不想看到的結果，就算宣告它絕不可能發生，也無法把它變成絕不可能，但這會使風險變得幾乎無法管理，請看下一章的例子……

3

丹佛國際機場的省思

科羅拉多州丹佛市於 1988 年開始著手進行建造一座新機場，經過評估，當時的 Stapleton 舊機場已無法擴充，不但應付不了丹佛市的成長，也無法忍受它的噪音與空氣污染。若新機場蓋好了，成本會降低，污染會消除，擁擠的航空交通會得到紓解，並滿足成長的需要。新丹佛國際機場（Denver International Airport, DIA）預定於 1993 年 10 月 31 日正式啟用，這是計畫上說的。

又是一團糟

不說廢話，重點就是：萬事皆備，除了那幾個搞軟體的該死傢伙之外（兩眼開始散發出悲憤、不堪回首的光芒），真是丟盡了咱們的臉。1993 年 10 月 31 日，偌大的機場，什麼都搞定了，就差軟體沒弄好，所以機場無法啟用！

在此特別附註，未按預定計畫準備好的，就是惡名昭彰的丹佛國際機場自動行李處理系統（Automated Baggage Handling System, ABHS）。沒有便利的行李處理軟體，機場就無法啟用，又因為蓋機場

動用了龐大資金，當這群搞軟體的老兄們在慌亂中急於迎頭趕上的同時，害得這些資金全部卡在那裏，時間就是金錢，納稅人對此非常不諒解，這方面的細節分析不是本書重點，簡言之，情況就像這張圖一樣：

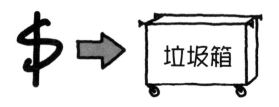

這群搞軟體的傢伙真是可惡透頂，全都是他們害的。

從 1993 年透露 DIA 要延後啟用的消息開始，一直到 1995 年終於部分啟用，這種錢進垃圾箱的簡化說法經常成為報章雜誌的炒作題材，直到今天，還是會有許多責難落在軟體開發小組身上，「丹佛國際機場自動行李處理系統」已成為眾所皆知的無能軟體專案代表。

在《Scientific American》上有篇文章，擺明把 DIA 失敗的責任歸咎於軟體產業、及其鬆散的標準和做法：

軟體工程規範原地踏步了許多年——可能是幾十年——它始終缺乏跟上資訊時代並滿足資訊社會所需要的成熟工程規範。[1]

這篇文章聲稱問題出在程序上，認為 DIA 的落後原本是可避免的，只要改善當初的專案流程，導入：

1　W. Wayt Gibbs, "Software's Chronic Crisis," *Scientific American* (September 1994), p. 84.

1. 較高的 CMM 等級
2. 更多的正式方法
3. 像是 B 和 VDM 之類的數學規範語言（mathematical specification language）

但，真的是程序的問題嗎？

在程序背後

假如具備十全十美的軟體交付程序，就可排除專案中所有的不確定性嗎？實際上，開發程序是不確定性的主要來源嗎？我們認為答案是否定的，還有更多不確定性的來源，包括：

1. 需求（requirement）：這系統要做的究竟是什麼？
2. 匹配（match）：這系統要如何與使用者、及其他周邊系統進行互動？
3. 變動的環境（changing environment）：在開發期間，若需求和目標改變的話，該怎麼辦？
4. 資源（resources）：在專案進行時，哪些關鍵的專業技術是必備的（若有需要，隨時就能派上用場）？
5. 管理（management）：是否有足夠的管理天份去組織一個具生產力的團隊、維持士氣、低離職率及協調眾多錯綜複雜的工作？
6. 供應鏈（supply chain）：與這次開發相關的其他單位，都能如期得到他們的支援嗎？
7. 政治（politics）：如果動用政治力來影響現實，會有什麼效果？

對專案最後的成功會造成什麼限制？

8.　　衝突（conflict）：不同利害關係人（stakeholder）的目標彼此衝突時，該如何排解？

9.　　創新（innovation）：影響專案最終成果的各種技術和方案有多麼獨特？

10.　規模（scale）：根據過去的經驗，把份量和範圍擴大之後，對專案執行績效的衝擊會有多大？

> **[譯註]**
> 「利害關係人」就是會關心產品好壞，對專案成敗有既得利益的人或單位，如：金主、提案單位、使用者。

就算最完美的開發程序，也無法把一個複雜系統開發專案中的不確定性統統排除掉，只要有不確定性，就會有風險，只要有風險，就有必要付出心力進行理性、周詳的管理。與其問「他們是怎麼開發軟體的？」不如問「他們是怎麼管理風險的？」這樣一來，我們對 DIA 的問題會看得比較深入。

DIA 的風險管理

我們已經簡單說明了 DIA 的事件，其中一再強調機場已經 100% 準備就緒，只差行李處理軟體沒搞好，沒它，機場就無法開張營運，對於這項推論，容我們再仔細思考。

首先，對其他協同專案統統已經完成的說法，可能不是事實。或

許，行李系統根本就不是唯一未完成的東西，只不過它落後得最明顯。或許，整個時程早就完蛋了，大家都在落後，在這種情形下，眾專案的頭目們常用的手法就是先對外宣稱可如期完成，但骨子裏卻暗自希望別的專案爆發進度落後，只要有誰忍不住先爆發，其他人就假裝失望地皺一皺眉頭，私底下卻急著用多來的時間為自己的案子收尾。或許，這就是發生在 DIA 的事情，不過，這不是我們分析的目的，所以假設事情不是這樣，也採信眾位專案經理的話，再假設若自動行李處理系統沒有失敗，機場就能如期開放。於是，整個落後造成的成本——額外增加超過 5 億美元的財務負擔——全部歸咎於這個落後的關鍵專案。

現在，請回答一些關鍵問題：

問題 1：為什麼沒有行李處理軟體，機場就不能營運？
答案很簡單：若要讓機場開放營運，行李處理軟體是位於整個專案時程的要徑（critical path）上。董事會的人都知道，一天沒這個系統，就一天沒法讓旅客順利進出機場，這是很基本的機場營運條件。

問題 2：為什麼 ABHS 是在要徑上？
好吧！因為沒有其他搬運行李的方法。這系統的電動貨車、條碼機、掃瞄器、交換點、卸貨機是唯一能把行李搬上、搬下飛機的方法。

問題 3：沒有任何其他替代方法來搬運行李嗎？
當然有！古時候都找些壯丁來搬，舊式機場則是用小卡車來拉動

一長串的人工卸貨車。

問題4：當ABHS無法如期完工時，為何不動用這些替代方法讓DIA順利開張？

嗯！這個嘛！（清了一下喉嚨。）電動貨車的專用通道太窄了，無法讓人或小卡車走在裏面，所以一定要用自動系統才行。

問題5：不能重新設計通道，讓小卡車和人工卸貨車也能在裏面通行嗎？

可以，但沒時間了。當得知ABHS將要延誤時，通道早就蓋好了，如果打掉重蓋，估計會比完成ABHS花更多的時間。

問題6：不能在蓋通道之前就先重新設計嗎？

可以，但評估過並不適合。當時高層主管認為，如果這項軟體真能如期完成，投入到通道的錢和時間都會浪費掉。

問題7：之前有察覺到ABHS的延誤會是一個潛在的風險嗎？

事發之後才知道的。之前，時程看來很積極，似乎一定能完成。

問題8：軟體專案在之前都不曾延誤嗎？

之前也延誤過，但估計這次的專案應該不會延誤。

問題9：之前類似的專案中，有任何歷史紀錄嗎？

有，慕尼黑的Franz Josef Strauss機場曾經安裝過試驗性質的ABHS，跟DIA用的是同一系列設計。

問題10：開發DIA的團隊曾經參考過慕尼黑的專案嗎？如果參

考過，有從中學到什麼嗎？

確實參考過慕尼黑的專案，他們的軟體團隊預留了整整兩年的測試時間，而且為了調整性能，在結案前還24 小時不停地讓這套系統運作了半年，他們也告訴DIA 的人要預留這麼多時間，甚至更多。

問題 11：那 DIA 在管理上有採納這些建議嗎？

由於沒時間做這種大規模的測試和調整，所以後來並沒有這麼做。

問題 12：對於可能造成的延誤，專案團隊有提出足夠的警告嗎？

首先，市場那隻看不見的手從一開始的態勢就很明顯，當DIA 董事會公開招標ABHS 時，就沒人敢對這種時程下標，所有投標商都認為，該時程最後一定會造成災難。

最後，BAE 自動系統公司得標，在專案進行過程中，承包商很早、也經常表示原定交付日期很危險，而且隨著每個月新產生的變化，延誤的情形越來越嚴重，所有參與其中的人都很清楚，他們正嘗試在兩年內做四年份的專案，這種拼命方式恐怕很難及時開花結果。這些跡象全部都被忽略。

風險管理才是罪魁禍首

之所以失敗，並非DIA 的風險管理方法不好，而是它根本就沒花任何工夫在風險管理上。即使是最馬虎的風險管理作為 —— 也許在開始進行風險探索腦力激盪的第一時間 —— 都會把延遲列為重大風險。

　　風險承擔分析將會顯示，由於行李處理軟體位於時程要徑，所以任何落後都將延誤機場開張時間，後果就是每個月多付3千3百萬美元（這項成本負擔很容易在初期算出來）。至此，結論很明顯，把該軟體移出要徑是很關鍵的紓緩策略，早點花個幾百萬，就可創造出另一個可行的行李處理替代方案，當ABHS無法如期完成時，就可省下5億美元。

　　在本書最後，我們會列出十來個必要的行動，這些行動共同構成了風險管理。對照這些行動，就會發現DIA高層主管連一個行動都沒有做到。

最後，誰買單？

　　由於未能如期交付ABHS，承包商已經被叮得滿頭包了，或許可以稍微平衡一下，讓我們這麼說吧──風險管理並不完全是承包商的責任。假如你認同這項評斷，那這可說是一次風險管理的失敗，而非軟體程序的問題，因此，也就沒有理由再去責難承包商。事實上，5億美元的額外財務風險應該是由更高層的單位來承擔，誰有風險管理之責，誰就得承擔忽視風險的後果，付這筆錢。

　　在本案中，所有這類成本的支出最後是落到負責發包的單位，也就是丹佛機場體系，它隸屬於市政機構，這方面看不出它用過什麼心，所以，丹佛市扛下了這項財務風險的責任。

4

進行風險管理的理由

「沒有一個計畫在與敵人交戰之後還管用。」

"No plan survives contact with the enemy."

—— Helmut von Moltke 元帥

> [譯註]
>
> 因為,無論怎麼計畫(預估),敵人都不會照著計畫與你開打。

風險若不管理,是有潛在成本的,這是咱們業界可從DIA 身上學到的教訓。不過,這樣可能還無法讓你增加多少主動去做的意願,假如上一章的例子成功了,你還會覺得根本不要做風險管理。

現在,也許該仔細探討一下為什麼要做風險管理。以下便是我們提出來的堅實理由,它們都值得納入並成為你整套管理思維的一部分。

風險管理使積極的冒險變為可行

這個理由很難被一般組織文化所接受,因為組織很少會鼓勵明確

處理不確定性的問題。一旦進行風險管理，也許會發現你正在告訴客戶如何透過風險分析，證明交付日期其實是一段不確定範圍（window of uncertainty）。從一個較早交貨且讓人滿意的日期，變成讓客戶難以接受的一段時期。（以往，你可能只是提出一個可被接受的日期，然後祈求老天保佑。）

當然，把未知的範圍挑明之後，客戶可能就跑了，也許他習慣聽到的是不可能的承諾——在專案初期就非常精確地對交付日期做出保證——先把失敗的可能性提出來，對他來說真是太詭異了。

過去，你可能會用一些小小的白色謊言來處理這種狀況，但是，人一旦受騙，就不會再輕易相信別人，他們會學到，就算對方以無比信心做出的承諾，也要當作是在唬爛。這就是咱們軟體專案經理會贏得爛推銷員稱號的原因。

案子接不接得成，會如何影響，不妨把角色互換一下，把自己當作客戶。你正在找人開發一套急著要用的軟體，提供方案的專案經理很討人喜歡，但他經常先承諾在某一天交貨，然後爽約，當他說：「沒問題。」這時你心裏就會聽到：「不太可能。」好，或許你已習慣這種狀況，就算不確定，也可以自動考慮他說的話是不是能為你所接受，但假設不是這樣，假設延誤的背後是個不見底的黑洞，那麼，除了選擇不要冒險做這個案子之外，還有其他選擇嗎？另一個機會就這樣飛走了。

專案經理常常說，假如讓客戶了解背後的實情，他們將不會花錢做任何案子。這些專案經理不讓客戶知道未來的承諾只是醜陋的謊言，認為這其實是熱心公益，隱瞞可能的延誤與失敗，才能鼓勵客戶發揮樂觀進取的精神往前衝，等到東窗事發，再溫文有禮地把壞消息

一點一點透露給客戶。

　　問題是，客戶的記性很好。他們會記得一開始說得天花亂墜，但突然間卻變成行不通的任何案子，最後凡事都會做最壞打算，變得過分保守（risk-averse）。

　　相反地，假如有位專案經理找你一塊研究，並把案子裏所有的不確定性全盤托出：「瞧，這裏是未知的部分，我們已經把它分門別類，整理出十一個項目。」（這時，他端出一份風險列表）「我們一起來看看，根據這些未知的部分，可推導出交付日期的不確定範圍，該範圍內的某些日期您可能無法接受，但請看——事先準備好供您參考用的——為有效抑制並降低各種風險的危害，這裏是我們的建議做法。還有一份是讓您在專案進行過程中，隨時了解狀況的方式。」此外，如果他還能讓你看看他們以往的專案紀錄，藉由實際數據來佐證這些老案子評估不確定性的結果，那麼你便可以開始相信他說的話。

　　現在，你至少知道自己的位置，你正在冒險，但很清楚這是多大的險，你不妨把案子交給他做。投入這個案子該具備多大的勇氣，取決於你評估、量化、了解風險的程度。

風險管理使風險不再成為禁忌

　　我們業界瀰漫著辦得到（can-do）的思考方式，為防止樂觀過了頭，最直接的方法就是在進行任何分析時，擺一個專門散佈辦不到（can't-do）言論的人掃興。如果沒有風險管理的運作機制，誰敢公開提出一個風險（特別是質疑大頭目們提出的不實夢想），就會死得很慘，他會被貼上滿腹牢騷的標籤，被視為未盡全力，或專門唱衰公司

的人。

　　風險管理創造出一個有限度、無傷大雅的悲觀思維，一旦採取風險管理的運作機制，便等於放手讓底下的人進行負面思考，至少保留了這部分的思考空間。肯這麼做的公司，都能理解負面思考是避免專案突然遭受風險衝擊的唯一方法。[1]

風險管理使專案是為成功而努力

　　若不把不確定性攤開來談，就算完成了所有的事，只差最樂觀的夢想沒達到，仍然是失敗。不做風險管理，便分不出什麼是挑戰性目標（stretch goal），什麼是合理期望，就會把挑戰性目標當作時程，於是──由於要達成這種目標的可能性很小──就發生時程的延誤了。

　　許多很變態的利害關係人會把所有的時程都提前一步，省得為時程延誤傷腦筋。事實上，對他們來說，把專案時程弄到讓人感覺都在延誤，才算成功（有關這個令人遺憾的現象，後續會詳加說明），但對底下參與專案的人員來說，這實在是很拙劣的規劃方式。一項工作延誤了，下一項工作又延誤，一直都趕不上進度，人們對工作就不會有太多熱忱，付出的巨大代價就是工作士氣、熱情燃燒殆盡，沒有人願意再留下來。

　　所以，有很好的理由去相信，我們經常看到的「失敗」專案，其實他們的專案經理大多都很稱職，團隊成員也很能幹，絕對足以勝任

1　感謝我們已故的同事Paul Rook，「風險管理使風險不再成為禁忌」是
　　得自於他的細膩觀察。

交付給他們的任務，若真是他們的問題，早就被炒魷魚了。當專案一個個宣告失敗，正說明這些專案的規劃有問題。風險管理是打破這殘忍循環的一個方法，它提供一套可達成的目標和時程，循序漸進把專案做成功，從開始到結束，都讓人看得到、感覺得到成功。

風險管理把不確定性局限在一定範圍內

當你走進一個屍橫遍野的戰場，你本能地就會開始擔心自己的安危，到底這些可憐蟲在臨死前發生了什麼事？會不會也降臨在自己身上？心中的恐懼也許會讓你不想或甚至無法再繼續前進。

如果情況換一下，有可靠的證據顯示，許多戰友走過這裏都沒事，周遭的成堆屍體不過是個意外，形勢就會改觀很多。風險仍然免不了，但有了這些證據，該怎麼走，便可做出較為謹慎而周延的判斷。

把不確定性局限在一定範圍內也許讓人害怕──害怕僅憑少量資訊就要把問題解決掉！──但是，若連這點資訊都沒有，情況就會更糟：無窮無盡的不確定性，結果不是讓人過分保守，就是讓人變得莽撞，兩者都不是好事。

風險管理提供最小代價的預防措施

掌握不確定性之後，就知道該為自己保留多少準備，明智地進行預防。準備的量就相當於紓緩成本加上一旦事發的救災花費。

按照定義，風險準備（risk reserve）是可能用不到的時間和金錢，所以，把風險準備納入時程和預算需要很大的勇氣，不想正式埋

下這支伏兵也可以──就像 DIA 一樣──但這意味著，當風險成形時將付出更多代價。

風險管理可以釐清隱晦不明的責任歸屬

當開發工作是由眾多單位（如客戶、承包商、轉包商）共同合作，一般來說，各方人馬都得承擔一些風險，遊戲規則就是不論誰負責承擔什麼風險，就得為該風險發生後的結果付出代價。是誰付出代價，就看合約怎麼寫，但記住，簽約是門大學問，很難做到完美。由於誰都不敢擔保零風險，所以大家都應該做好風險管理。

如果不做，往往會疏忽掉難以釐清的責任歸屬問題，例如，當客戶協議要取消應急基金時，就表示他自己要扛下某些風險，這些風險的責任也就從承包商轉嫁（transfer）給客戶了。

風險管理可以避免全軍覆沒

專案失敗也就罷了，更慘的是子專案也跟著遭殃。負責管理一個集眾人之智的案子，首先該關心的，就是別讓某一小部分的失敗連累整個團隊。再想想DIA 的教訓──只要肯付出相對上較低的代價，雖然一著輸，也不至於滿盤皆輸。

風險管理擴大了個人成長的機會

若不能有效管理風險，公司就會變得過分保守，什麼險都不敢

冒，玩不了大案子，這表示公司無法繼續擴展新領域，或根本失去這份動力，對公司並不是好事（頂多只能等著被別人併購）。對員工也同樣不利，沒有新目標，就表示個人不會有任何成長。

誰願意在一個沒有成長機會的公司上班呢？並非所有員工都會為這個原因離開公司 ── 只會走掉最優秀的。

風險管理可以防止盲目管理的發生

進行風險管理並不會使問題消失，只能保證不會讓你遭受突如其來的衝擊。

在過去專案遭遇的問題中，有哪些是在沒有任何人感覺苗頭不對就發生的？我敢打賭，絕對很少。在問題發生前，幾乎都會出現一些警訊。過去我們都不會特別留意這些警訊，風險管理會嘗試讓你學著開始留意的。

風險管理把焦點集中在真正需要注意的地方

最後，風險管理是一種聚焦機制，幫你把資源放在該放的地方。相反的，就是莽撞管理，使組織沒有任何防禦又到處亂衝，在這種情況下，唯一能贏得成功的策略就是祈禱所有的好運都降臨在你身上。當運氣成為你整體策略的一部分時，小心，你的麻煩就要來了。

Part II
為什麼不管理風險

- 有哪些負面說法不支持風險管理？

- 風險管理是否有違成功管理（manage for success）的原則？

- 有何理由相信風險管理可以相容於組織文化？

- 規劃時程也把一些意想不到的好運算進去，有什麼不好？

- 如何分辨哪些風險必須管理？哪些風險可以大膽忽略？

5

反對風險管理的理由

「風險管理往往能提供超過你想要的更多事實真相。」

"Risk management often gives you more reality than you want."

—— Mike Evans, ASC 公司資深副總裁[1]

必須承認，的確有某些理由不支持風險管理，不過，如果這些理由會讓風險管理這整套觀念不再吸引人，我們也就不會寫這本書了。無論如何，正反兩面的意見都有必要了解。

　　大部分反對的理由，是認為風險管理與某些管理風格相衝突——雖然其中有許多風格是不具生產力的，但還是有其支持者。要當一位英明的管理者並不容易，工作要非常勤勉、精明幹練，更重要的，就是要有天分。沒有天分，就只好死抱著一堆理論方法，像「目標管理」（Management By Objectives）、「帕金森時程規劃」（Parkinsonian scheduling），營造出「恐懼文化」，去威嚇員工把事情做好。雖然這

1　Mike Evans 是 Airlie 委員會的特別董事，Airlie 委員會係由美國國防部所設立，目的在協助軍方進行軟體改良和系統獲取的業務。

61

些理論也很難加以反駁，有好些管理者和組織都沉迷其中，但這些做法卻與風險管理的理念相違背。

　　然而，也不能以偏概全地說所有反對風險管理的理由都來自於膽小、沒有才華的管理者。風險管理有沒有用，關係到某些非常現實的理由，所以，我們把一般人不願意做風險管理的理由整理出來，列在以下幾個小節，並逐一加註評論。（標題下面的簡短說明是我們對該理由的背後涵義的理解。）

1. 利害關係人並未成熟到能夠坦然面對風險

「假如說實話，利害關係人將不再敢做這個案子，所以必須騙他們。」

　　在這種情形下，欺騙成了天經地義的公開做法。

　　在從前的軟體產業，利害關係人通常是行政部門的文書人員或經理之類的，這是因為我們第一個會想要進行自動化的，就是文書作業。這些利害關係人的層級很低，也沒什麼實權，對自動化更是一竅不通，在這種專案中，系統分析師的薪水恐怕比大部分與他對應的利害關係人還要高。

　　那時，吃 IT 這行飯的人擁有主導權，一副「該怎麼做最好，我們最清楚」的態度。或許也過得去，有時一樣能開發出實用的系統。

　　但是，現在的利害關係人就不同了。跟對應的 IT 人員相比，他通常擁有更大的權力，見過的世面也比你多，自動化在搞什麼，他可清楚得很，最重要的，就是他們擁有超強的記性。

今天，冒險精神普遍見於各個領域，並不是 IT 專案才獨有的，利害關係人甚至正在自己的工作崗位上鼓勵冒險，他們了解風險，也知道如何騙人，隱匿風險不報無疑是非常笨的做法。

2. 不確定性的範圍太大

「我可以提出某個範圍來涵括這個日期，但不會是這麼大的範圍。」

許多軟體管理者在觀念上願意面對專案中的不確定性，但卻被不確定的程度給嚇壞了。假如風險管理技術可以把交付日期確定在上下 2% ～ 5% 的範圍內，他們會非常樂意這麼做，但是，在我們這一行，不確定的程度都遠大於這個值。在仔細評估造成延誤的背後原因之後，你不得不承認類似以下的結論：「可能的交付日期分佈在第 18 ～ 29 個月之間，有 85% 的把握會在第 24 個月交付。」

你之所以會承認，是因為這是過去造成延誤的因素所累積的經驗紀錄，就算不情願，延誤的現實也會迫使你承認。但你也知道，組織早就習慣了自己騙自己，所以很難接受這種程度的誤差。

有些組織不顧一切地相信可以控制一切，即使心知肚明這並非事實，還是慣用控制的假象來蒙蔽現實。最常見的特徵，就是一開始弄出一個精確到令人可笑的預估結果（一個非常小的不確定範圍），事後卻證明它跟事實差了十萬八千里。

3. 挑明不確定性的範圍會影響工作績效

> 「假如告訴底下的開發人員，只要在 7 月到12 月之間把工作完成就好，他們現在就會跑回家睡覺。」

軟體管理者經常遵循一項標準規則而不自覺：目標要和預估一致。你永遠都要幫助部屬為追求最佳的表現而奮鬥，所以，從風險管理的角度，雖然也建議你善用目標，但在向客戶和老闆做出承諾時，也鼓勵你使用一個與目標截然不同的預估方式。

4. 還不如採用「成功管理」的方法

> 「瞧！我們不做風險管理，但一樣會留意風險，我們的管理保證讓風險不會發生。」

你可以管理風險，但不可能使風險消失，「成功管理」（manage for success）若建立在保證風險不會成形的基礎上，只會使專案走向災難。在任何一個攻守有度的專案中，風險的出現都跟專案的目標息息相關，不會憑空出現或不見。我們後續將會深入探討，如果把這些固有的風險都排除掉，必然會讓產品喪失掉它原有的許多價值。

5. 缺乏能有效管理風險所需的資料

> 「對於會影響這個專案的風險，我們實在了解不足。」

　　當然，專案還是會面臨許多自己獨有的風險，除了肇因於產品本身的之外，也可能來自於專案所處的文化和政治環境，這些風險就不會有太多或甚至沒有資料可供參考了。然而，對 IT 專案來說，大部分面臨的主要風險都是一樣的，儘管擁有的只是共通性的資料，也足以對付大部分的風險。

6. 單獨一人去做風險管理是很危險的

「我可不敢成為唯一乖乖去做風險管理的人。」

　　對於以上五個不願意進行風險管理的理由（推託之詞），當我們逐一提出合情合理的反駁之後，對這第六個理由卻無從辯駁。當專案經理處在周遭清一色都是辦得到（can-do）的同儕當中時，風險管理對於孤零零的他來說，怎麼說都沒有意義。把風險列表公開，把不確定性量化，最後只會成為大家眼中最軟弱無能的人，或者更糟，被當成唱衰專案的人。

　　假如風險管理在貴公司並不普遍，你或許還是可以在專案中運用相關的工具和技術，但若有什麼新發現，可千萬不要公開出去。在不能戳破樂觀（謊言）的禁忌下，對說實話的人非常不利。假如你鐵口直斷，說交付日期只有 10% 的勝算，這勢必招來另一位虎視眈眈同儕的爭寵：「報告老闆，這事包在我身上，保證給你如期完成。」

　　在最糟糕的組織中，報壞消息的人會被懲罰，但壞結果卻不會被檢討，當專案失敗時，他們的理由是：「嘿！這小子是延誤了，但至少他肯盡心盡力去嘗試。」所產生出來的問題正好讓他們自打嘴巴：

大家都會了解，先把牛吹大，也比按時交貨來得重要，任何人都會學到這麼做最有利。如果在這種公司上班，最好順著潮流走，把風險評估收起來，自己用就好。

6

不確定性的臭名

組織文化——不論有什麼意涵——給想要做風險管理的人帶來了
巨大的挑戰。其中最重要的就是面對不確定性的態度，這方面
甚至可以把最旺盛的企圖心給消磨殆盡。一言以蔽之，這種態度就
是：

> 事情做錯沒關係，就是不可以不確定。

假如這條規則就是貴公司的寫照，那就慘了。

這條規則是說，你也許違背了對交付日期的承諾——甚至與當初
的承諾差距甚遠——但在那一天來臨之前，絕不能對「一定會如期完
成」表現出一丁點的疑慮。失敗是容許的，只要不犯下事先就承認可
能會失敗的滔天大罪。換言之，可以（在事後）為延誤請求原諒，但
是不可以（在事前）要求認可。

假如組織文化不允許不確定性的存在，風險管理就不用做了。道
理很簡單：該怎麼做比較好，當然可以學，但你就是用不出來，就好
像我示範單手在琴鍵上彈奏八度音程，但你還是做不到，因為你的手

太小了搆不著。

在這樣的限制下，你很可能會染上一種身心失調的傳染病，叫做**選擇性短視症**（selective myopia）。如果專案得到這種病，就只能看到小問題，至於大問題，恐怕要大禍臨頭才出現在你面前──在沒病健康的專案中，這些是大到想看不見都很難的問題──但因為選擇性短視症，卻完全看不到。

「哦，原來是看不到即將到來的火車」

這種病的症狀很明顯：大家都很小心不讓自己被枕木絆倒，卻沒人發現越來越近的火車。風險辨識出來了，風險列表也有了，風險在狀況報告中都有記載，紓緩策略也核可過，所有的風險都在追蹤與監控之中。單從這些列表和紀錄來看，便會覺得專案的風險根本很低，所有風險都只是小麻煩、小阻礙，風險追蹤的結果從頭到尾都一樣，直到專案突然被取消才發現要修正，隨後便是一場血肉模糊的官司。請看以下案例：

- 病例1　某個承包商正在開發一套即開即用系統（turnkey system）。一切彷彿都在控制中──是有發現一些問題，但已加註在風險列表上，而且上頭也說沒有多嚴重。最後，當系統做出來交給客戶驗收時，竟被當場拒收，因為合約要求必須遵循一份彼此認可的規格，然而之前都沒有任何規格被認可過，在專案進行過程中，也從來沒人敢在這項風險上加上一句話：「我們正在開發的東西尚未被正式認可。」

- 病例 2 　有位客戶不久前才和另一家公司合併，需要一套替換系統（replacement system），承包商提案使用一套某家供應商的軟體模組，做些客製化（customization），就可以把新系統做出來。整套軟體已採購完成，新硬體也安裝完畢，風險都列了出來，並定期召開狀況報告會議掌握狀況。從專案一開始，客戶就一直不斷宣告，由於該公司生意的旺季是在勞動節和耶誕節之間，所以很希望能在這段期間之前就把新系統趕出來，不然提供某些暫時性的方案應急也好。幾個月下來，一連有好幾位這家公司的人像唸經一樣，一直重複這件事，但時間一分一秒過去，一直都沒人在風險列表上把「我們也許無法在 9 月之前搞定」這個風險列進去，或在任何會議中提出報告，誰都不敢提這件事。好像剛剛才植樹節，轉眼就過了勞動節，接下來是感恩節，然後耶誕節，到了 1 月，這家公司的最高執行長中止了這個案子，轟走所有承包商的人，並提出了告訴。

類似的病情

TDM ：我曾經參與過一樁訴訟案，審閱一個已經完蛋的專案資料。很多地方都出了毛病，但真正的致命傷，證實是一家次級包商跑了，轉包給它的東西都交不出來，乾脆一走了之。這家小公司現在已經關門大吉消聲匿跡了。

　　　有趣的是，這專案也有風險列表。當我們回顧這份列表的一連串版本時，從一開始挺不錯，到最後完蛋，發現一件令人吃驚的事：那家次級包商有可能跑路的風險早在專案初

期就察覺到了，但重點是，從此再也沒有下文了。

這同樣是選擇性短視症，差別在於這是得知風險後才發的病。在風險列表中出現一個重大風險，管理階層嚇壞了，為此，大老闆狠狠地盯著每個人，有些倒楣鬼還奉命要「負責管理風險，並且必須做出該死的保證，保證風險已經完全掌握了，所以，從下週起便可以把它從風險列表中刪除掉。」

幸好有疫苗

是什麼病因造成明明火車來了卻看不到呢？目前尚未找到病毒，但可疑的原因非常多，也許組織缺少能發出「災難」兩字的自主神經系統，自以為掌握了所有風險（潛在問題），其實只掌握了一部分（已有解決方案的潛在問題）而已。

已經染病的可能就沒救了，至於沒染病的，倒是有可靠的疫苗來預防，這疫苗必須早在進行任何風險管理之前就開始施打，施打的方式是一開始先做一遍風險辨識（risk identification），為能想到的每個災難都給予一個名稱，把這些災難告訴大家。請大家舉出更多災難，而不要進行風險管理——暫時還不要。大聲說「失敗」、「退貨」、「取消」（假如連這幾個字都說不出口，就表示已經中標了，趕快找專家幫忙）。假如敢說，再試試能不能讓其他人也敢公開這麼說。現在，從災難列表出發，倒推回去，想想哪些情況會導致這些災難，再把造成這些情況的原因找出來，將之描述成各種風險。至此，你才有一張或許能忠實反映未來的風險列表。

　　第 14 章會重新探討風險探索的技術，提出完整的程序，以及一些管用的技巧。現在，最基本的技巧就是：別理會小問題，鎖定噩夢攻擊，找出真正會影響專案的風險，由果反推出因，提防即將到來的火車。

7

運氣

TDM ：祝您下一個案子好運……但可別真的靠運氣。

當你決定忽略某個風險時，就相當於要賭一賭運氣，賭不想發生的事不會發生。對某些風險來說，這非常明智，但並非所有風險都該這麼做。所謂「並非所有」正是此處要講的重點：一般的通病就是全部的風險都在賭運氣。

不過在解決這個毛病之前，為使討論更正式些，先讓我們來看一看，哪些風險不用管理也很明智。

「這些不妨碰碰運氣。」

你能想到有什麼真正的風險（的確會發生，也會造成災難的壞事），管理它反而沒有意義，甚至不值得在風險列表中一提的呢？

在咱們風險管理會議中常見的就是「小行星撞公司」的風險。這種小行星風險有什麼特徵，使得它不值得管理呢？有兩點：

73

1. 風險成形的機率微乎其微，小到可以忽略。

2. 萬一真的成形，任何投注在管理上的心力（為開發中的產品）都不再要緊。

也許可以加上第三個特徵：萬一真的成形，我們也無能為力。話雖如此，卻不能單獨拿來當作忽略任何風險的合理藉口。對專案來說，某個風險也許攸關生死存亡，但對專案的某些參與者來說，卻可能並不那麼重要。這些大難來臨也死不了的人，可能就是為了來管理對別人很致命的風險。

以上兩點可讓你不用去理會小行星風險。以下還有兩種很正當的理由，讓你不用去管理風險：

1. 風險的影響很小，沒有任何紓緩的必要。

2. 這是別人的風險。

的確，像「泰德禮拜二可能會打電話來請病假」，這種風險根本就可以忽略，因為就算發生，也沒什麼損失（從時間上來看）。但請確定，這並不是「如果預先準備就可使損失變小」的風險，假如是，而且一旦風險蛻變就要有紓緩措施待命的話，就該事先做好功課。（至於別人的風險，則留到第 9 章再討論。）

已經有四個不必做風險管理的好理由，但別高興得太早，專案面臨的風險多半不屬於這四類，大部分都是你該正視的風險。

那為什麼你會沒有正視這些風險，轉而去靠運氣呢？好，假設專案以一種「追求個人挑戰」的方式告訴你：

「我知道要在 4 月之前做完很難 ── 但這正是我為什麼要交給你做的原因。」

當專案包裝成一項挑戰時，就相當於強迫你去賭一些運氣。例如，老闆說，你，以及你那八人小組，是全公司最後的希望，衷心期盼您能接受這最具關鍵性的任務，在 4 月之前，一切就靠您了（嗚……最高執行長又在唸他的演講稿）。你還能說什麼呢？假如老闆深情款款地巴望著你，懇求您為 Gipper 贏一個球，該怎麼辦呢？接到像這樣的任務，大概也只能鞠躬盡瘁，祈求老天保佑了。

[譯註]

George Gipp 是美式足球歷史中一位偉大的球員，曾經為他所屬的聖母瑪莉亞隊創下輝煌戰績，可惜英年早逝。 1920 年，他在臨終前對有知遇之恩的教練 Knute Rockne 說：「教練，我快不行了，不要緊，我不怕。教練，有一天，當隊裏遇到阻礙、情況險惡、遭受打擊時 ── 請告訴大家，拿出本事，死命往前衝，為 Gipper 贏一個球。我在九泉之下，感應到大家都在拼命，我也會笑。」

八年後，當聖母瑪莉亞隊在一次比賽中面對強敵、處於劣勢、極度絕望時，Knute Rockne 把 Gipper 的遺言搬出來，昭告隊員們要勇敢站起來，為 Gipper 而戰，使得全隊士氣高昂，人人奮勇爭先，個個衝鋒陷陣，終於反敗為勝。後來，這個故事便成了激勵士氣的典範。

你很清楚，照這情形走下去，要是沒有抓住某些重要機會，便不可能在 4 月之前完成；抓住這些機會已成為專案計畫中不可或缺的一部分。這絕對跟風險管理的精神相違背：風險管理是要你在規劃專案

時，把焦點放在一旦某些機會沒有抓住的話該怎麼辦。

　　專案一開始就以個人挑戰的形式出發，便很難再有明智的風險管理，這種專案就是在靠運氣。接到這種案子，你不會有太多轉寰的餘地，只能把經驗留給未來。記住，當有一天由你來主導專案時，就不要把運氣帶到計畫裏，在合理設定挑戰性目標之餘，請確定實際的期望必須為運氣實在很背時保留足夠的空間。

驚惶、失望、沮喪

TRL：雖然我對你手邊的案子一無所知，但我敢打賭，時間到了你還是做不完。畢竟，超過半數的專案都會延誤，或超出約定期限才完成。若是公認訂得非常緊的時程，那情況將會更糟。一聽說我要打賭，專案裏的人就開始緊張了，他們這麼辛苦地試著去相信可以力挽狂瀾，大家都知道時程很趕，也做得非常辛苦，然後，當了解到即使這樣也無法達成目標時，結果通常都是驚惶、失望、極度沮喪。

　　不知什麼緣故，當乖乖去做一個靠運氣的案子，而運氣又很背時，便假裝自己很驚惶、失望、沮喪，也可以讓你活下去。但如果專案要成功，這樣靠運氣是行不通的，也非常幼稚。

Indy 500 大賽

　　到這裏，有關軟體專案方面已說得差不多了，接下來一頁左右，

請把你自己當成一位 Indy 賽車聯盟（Indy Racing League）的賽車手。坐在 Panther Racing Penzoil Dallara 的駕駛座裏，Aurora 超大引擎轟隆價響，這次比賽是你的王子復仇記。你切到低檔，準備進入第三個彎，車子稍微側滑一下，但完美地通過，換檔，加速，立刻飆到時速 220，或 225，進而超越了一輛，隱約是兩輛，在驚嘆聲中開始領先群雄，你的夢想將要成真。

　　先把畫面停格在這一瞬間：開了兩個小時又十四分鐘，無疑地，你已經很累了，這是第 198 圈，距離終點的黑白方格旗已不到五英哩，無論如何都不能慢下來，保持這股衝勁撐下去，同時也要兼顧安全，因為這是決定你命運的一役。事實上，唯一真正的威脅是 Team Green，他們仍緊追在後，但還有一段距離。你全身上下的肌肉都緊繃著，兩眼盯著車道，全神貫注，心力完全集中在駕駛上：霎時，你聽到油表的警告聲。瞄了一下，指針已指到零，但就只剩下幾英哩，加油站的工作人員向你揮手示意，但現在加油一定會輸掉比賽。引擎的聲音聽來從未如此順暢，拼了，你把位置維持在 Team Green 和終點之間。最後一圈，時候到了 —— 勝利在望！但引擎發出劈啪聲，噗，噗，噗，你開始失去動力，穩住，我的愛車，你全力呼喚它，但引擎還是熄火了，這該死的畜生，你想著，如果能保持領先，滑行通過終點，還是可以贏得勝利，就這麼滑著、滑著，離終點線越來越近、越來越近……但是，車子不動了，就差幾呎，Team Green 呼嘯而過。

　　這期間發生了什麼？經過你的盤算，決定跳過加油點，以爭取任何可能贏得成功的機會。只要還有一絲希望獲得冠軍，你便要拼到底，就算可能無法抵達終點也甘願。

　　假如你是 Indy 500 賽車手，這麼做非常合理，但你不是（抱歉），你是一位軟體專案經理。相同的思維放在軟體專案就是災難，當為了贏得成功而賭上每一個運氣時，也許就已經把落後的可能性大幅增加了，遠超過它原來的機率。

　　以下的道理很奇怪，但千真萬確：做軟體的案子，把失敗的可能性限制在一定範圍內，一般來說，是比追求勝利更重要的事。在這方面，每個組織都嘗過不信邪的苦頭，就算有賭贏了幾次，最不信邪的仍是輸家（像 DIA）。

　　當你用了激將法，要部屬拼死拼活、搏命演出，擺明要他準時完成專案（即使時程訂得相當可笑），你就必須了解到，這麼做正是把 NASCAR 賽車手擺在團隊中最關鍵的位置，只要有任何機會，他就會去賭，而不顧任何不良後果，為了拼到底 —— 至少拼到死為止 —— 任何一丁點可以投機的機會他都會去賭。

　　這種管理方式你叫它什麼我不知道，但絕不叫風險管理。

Part III
如何管理風險

- 該如何著手？
- 不知道的東西就是不知道，怎麼可能把這種東西量化？
- 有哪些現成的工具可用？
- 風險管理所需的資料從何而來？
- 何謂風險準備？該如何運用？
- 除了追蹤風險之外，還能做些什麼？
- 軟體專案有哪些一再出現的風險？我們對這些風險了解多少？
- 如何在第一時間發現風險？

8

將不確定性量化

軟體開發是高風險事業，因為整個任務都充滿不確定性，任何需要預測的地方，都存在某種程度的不確定。但是，到底有多不確定呢？

當回顧過去的案子，對某個專案經理品頭論足時，「她根本搞不清楚何時會完成。」這意味什麼呢？她有多不確定呢？也許她很有信心會在第 6 個月完成，只有一點點不太確定是在上旬或下旬，也許，她心裏連個底都沒有。顯然，這兩種情形有天壤之別。想想看：假如身為專案經理，案子的交期訂在 10 月底，而你心裏清楚這不可能，除此之外一無所知，根本連個底都沒有，部屬們同樣身陷在五里霧中。於是，大約在 6 月左右，距最後期限還有四個月，你請來一位顧問，也就是咱們這行裏最厲害的人物，他只要在睡夢中掐指一算，醒來時就可診斷出專案的狀況。幾天下來，經過仔細研究規格和現有工作成果，並跟團隊還有各個利害關係人開過會之後，他直截了當地說：

「聽著，實際上，在明年初以前，沒有任何完工的可能——機會

是零。如果要做出像樣的產品，最可能的交付日期是在明年 4 月初，就算這樣都還不算很充裕。若宣佈要在 5 月 1 日以前交付恐怕並不保險，因為要到 5 月中或之後，完成的機會才會超過五成。如果要 100% 一定會完成，就必須等到明年 12 月底之後。」

由於不確定，所以才向顧問請教，但他也同樣說得很不確定。你的不確定（連個底都沒有）和他的不確定（如以上所述），差別就在於顧問界定了明確範圍。

用圖來表示相同的概念

讓我們把顧問的評估結果畫成圖。由於他從頭到尾說的都是機率（「在明年初以前，沒有任何完工的可能」、「機會才會超過五成」等等），所以，確定性／不確定性可用某一天交付的機率來表示。這張圖必須展開到足以涵蓋從完全不可能到 100% 確定的日期範圍。以縱軸代表機率，橫軸代表時間，把他提到的四個日期標上去，先畫出一張陽春圖：

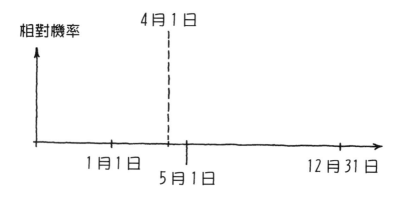

顧問說，從現在開始到明年 1 月 1 日，完成的機率是零，然而也不可能拖到明年 12 月 31 日以後（他非常肯定那時一定會完成），最可能的日期（交付機率最高的）是 4 月 1 日。有了這些，就可標示出兩塊區域，以及機率曲線的最高點。由於縱軸沒有比例尺，所以最高點可以畫在任意位置，如下圖：

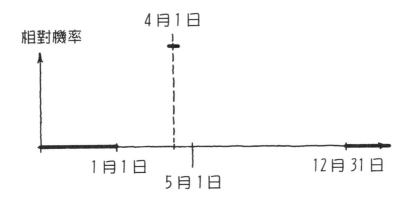

剩下要填的是中央的部分，盡可能畫出一條平滑曲線，使曲線下方可被 5 月 1 日切成左右大致相等的面積（一會兒再解釋原因），如下圖：

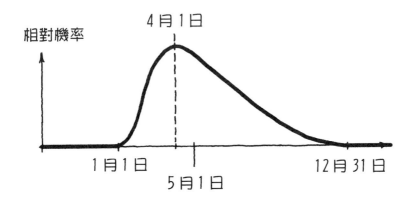

結果就是一張不確定性圖（uncertainty diagram），或稱風險圖（risk diagram）。風險圖是第 10 章的主題，到時會學到有關它更多的特性和用法，但現在應可掌握大部分的重點了：

- 曲線下方的面積就代表在某一天前完成的可能性，所以，假如在 4 月 1 日之前的面積佔了三分之一，就表示 4 月 1 日以前完成的機率大約是 33%。

- 曲線下方的總面積是 1.0，表示顧問評估專案將在明年 1 月 1 日到 12 月 31 日之間的某一天完成。

實務上，風險圖可以告訴我們什麼？

與貴公司平常公佈的時程相比，以上的風險圖也許展現了更多不確定性（用了一個更大的時間誤差範圍）。假如你相信這種圖說的是實話——真相——可能還是會擔心誰會去看這種圖，以及如何引進這種圖。不過，就算除了你之外，都沒人想看，用它來練習量化不確定性，也會很有收穫。

譬如，這種圖馬上可以幫你了解過去幾十年間軟體產業的狀況。管理者最常吐的苦水之一，就是「最早講出來的日期就會自動變成最後期限」。顧問說：「在明年初以前，沒有任何完工的可能。」一旦把這句話公開出去，很可能 1 月 1 日就理所當然被訂成最後期限，可是從風險圖看來，1 月 1 日左邊曲線下方的面積根本是零：

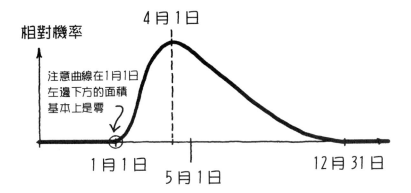

換句話說，在「最後期限」之前完成的可能性微乎其微；這說明了「把最早講出來的日期訂為最後期限」，基本上就保證到時一定跳票。

甚至以「最可能」那天當作最後期限，都不能保證絕對安全。在曲線尖峰左邊的面積僅佔三分之一，換言之，跳票的可能性是三分之二。沒錯，那天是所有日期中可能性最大的，但仍不是非常大。

把尖峰設在正中央也並無不可（左右面積相等），但如期完成的機會也只有五成。事實上，挑任何一個日期都有問題，乾脆用圖本身來當作承諾還比較合理。不可否認，這裏頭有不確定性，草率挑一個日期，以之立下軍令狀，也不會讓不確定性消失，只是把不確定性藏起來，不讓簽軍令狀的人看到而已。想知道組織是不是夠成熟，不妨看看各階層的管理者在做任何承諾時，是不是會一併把不確定性的範圍明確說出來。

奈米機率日

曲線與水平線的交點是開始有機會完成的第一天，但只是比零好

一點，該點稱為 N 點，即「奈米機率日」（nano-percent date），這是
因為那天順利交付的機率大概只有十億分之一。

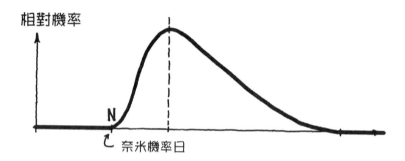

把交付日期訂在 N 點實在沒道理，但這卻是重要的一天——之所
以重要，是因為我們對這天具有某些直覺。雖然，憑我們目前累積的
預估經驗已可估計出 N 點，但也會誤導我們把 N 點當作交付日期，
這挺糟糕的。不過，這些得來不易的經驗倒可以、也將開始讓我們嘗
到甜頭。

沒錯，是有個範圍，但這是多大的範圍？

在成熟的組織裏，不確定性圖隨處可見，這些圖清楚地表示哪些
已知、哪些未知。假如每個人都非常期待某一天新產品會出爐，那麼
不確定性圖可以把大家的焦點集中在那天完成的可能性上面。

把不確定性明確標示出來，你便敢放膽冒險；沒有不確定性圖，
或許還是可以冒一冒次要風險（minor risk），不過，若連風險大小的
底都沒有，一個認真、能幹的管理者是不會去冒任何大風險的。把不
確定性的範圍隱藏起來，並不能把管理者騙去冒原本就該冒的險，反

而會瓦解管理者在承擔高風險時所必須仰賴的信心。

　　現在，只要不確定範圍不太大，一切都蠻容易接受的，但可能嗎？假如專案的風險圖就像下圖一樣，你一定會成為全世界最偉大的風險圖倡導者：

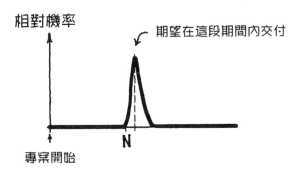

　　上圖中，相對於從專案開始到 N 點之間，不確定範圍看來蠻合理的。

　　但假如是這樣：

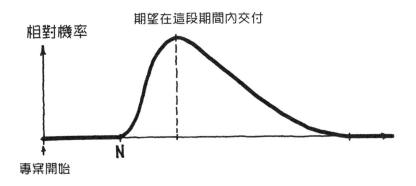

　　真令人洩氣，不確定性的範圍怎麼這麼大。

　　假如你跟我們這些碩果僅存的軟體專案經理一樣，當不確定性的範圍只佔 N 的 10% ～ 15%，你會覺得很愜意，再大就會感到渾身不自在──事實上，到 15% 以上你會越來越不自在。

　　經過許多混戰與政治因素的洗腦後，使我們覺得 10% ～ 15% 是很合理的範圍，再大就不應該，也沒什麼根據。許多管理者還把它視為意圖逃避交差的含混之詞。

　　但實情並非如此，不確定範圍要多大才算合理，取決於組織開發程序中干擾（noise）或變異的多寡，而非某個人的感覺。

　　專案彼此之間會有不同，程序中的干擾正是根源，這也是為什麼同樣盡了力，有些專案會做比較久的緣故。程序中的干擾，或多或少可以反映出過去風險造成的影響：不管哪個組織，就算績效（performance）方面的紀錄很粗略，干擾的量都可憑經驗觀察得來，根據這些數據，就可描繪下一個專案會有多大的不確定性，換句話說，過去的專案績效決定了不確定性的範圍大小。

　　就整個軟體產業來看，不確定範圍大多是介於 N 的 150% ～ 200% 之間，所以，若某個專案的 N 點是在第 25 個月，不確定性曲線的尾巴可能就會拖到第 75 個月以後。為此，你不必感到特別高興，事實就是如此，假裝不是也沒用。

9

風險管理的技巧

「我們在預估方面其實並不糟，真正糟的是怎樣才能把預估背後
倚賴的假設統統列舉出來。」

*"We aren't really bad at estimating. What we are really bad at is
enumerating all the assumptions that lie behind our estimates."*

—— Paul Rook [1]

做個小測驗就可以測出專案的風險認知（risk awareness）：先把
專案計畫看過一遍，然後請專案經理指出任何不必完成的工
作。你也許會發現一張迷惘的臉，驚惶失措的眼神彷彿在問：假如一
項工作不必完成，為什麼還要把它列入計畫呢？原來，從專案經理的
角度，他所認知的計畫就是一群一定要完成的工作。

1　這句話出自Paul Rook 在風險管理方面的演講，European Conference on
Software Methods, London, October 1994 。

我們在預估方面也許並不糟

專案偏離時程，陷入泥淖，很少是因為工作比預期的更花時間，多半是為了處理原本沒有規劃到的事。這方面我們每年都會在從事顧問工作時接觸到新案例，大量的證據可歸納出一個結論，一開始頗令人驚訝：

> 大部分專案經理在預估一定要完成的工作上做得還不錯，但預估也許必須完成的工作則做得很糟。

這代表一個壞消息、一個好消息。壞消息就是專案一定會蹦出某些意外嚇你一跳，使專案經理常常無法履行承諾，敗就敗在這些本來「也許必須完成」、但後來必須完成的工作。好消息就是，這些視狀況而定的工作，至少在某種粗略程度上是可預測的。

昨日的問題

從組織過去幾年各專案遭遇的問題中，把排名前二十左右的問題列出來，很適合做為下一個專案的初始風險列表，這也相當於風險管理制度化的開始：就專案做得好、做得壞的地方進行事後檢討，看看專案如何偏離原先的期望，追溯每一項偏差，找出原因，把原因當成風險，編號列管。

這種做法背後的原理就是：

> 昨日的問題就是今日的風險。

有些人可能會對此有點意見，而把它「更正」為今日的問題就是昨日的風險，或今日的風險就是明日的問題，乍看之下很不錯，但這沒什麼用。就是要把眼前的風險視為過去問題的方程式（換言之，這是認知到問題會一再重複出現的本質），才會對風險管理有所幫助。假如某個專案即將順利完成，卻因幾個關鍵員工離職而陷入困境，於是人力流失便自動列入新專案的風險列表，其中「自動」兩字很值得強調：人力流失，特別是關鍵人物流失，很可能會因管理上辦得到（can-do）的思維，不肯事先考量，進而演變成一項挫敗。「唔，我只是不打算想那麼多。」絕對不要低估這種誘人的自我安慰。

所以，若要充實風險列表——至少在專案剛開始時——不妨有系統地運用事後檢討的結果，前提是貴公司已成熟到在專案結束後，不論成功與否都會進行檢討分析，假如沒有這麼做，請看一看「參考資料」推薦的兩份事後檢討文獻。

專案事後檢討不算什麼新發明，真正創新的，是把事後檢討的輸出結果當作風險管理的輸入資料（見次頁圖）。

發生過的問題一再發生的可能性相當高，所以分析五、六個舊專案後，也許就可以累積足夠的資料了。記住，事後檢討的資料只是風險資訊的來源之一，除此之外，還要經過風險探索程序，後續章節會談到這個主題。

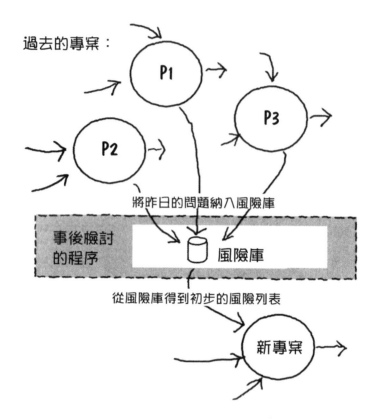

好，風險列出來了──現在能做什麼？

　　風險一旦納入風險列表，很快就會感受到欲除之而後快的壓力，它是很礙眼的東西。在狀況報告會議中，相同的風險若一再出現，就難免會看到高層主管一副要抓狂的樣子。假如你有辦法把這個鬼東西從列表中除掉：「別擔心，老闆，這玩意兒已經被我料理了。」顯然，他會好過許多。越棘手的風險，弄走它的壓力就越大，根據經驗，高層主管若抓狂到某種地步，就比較不會想去了解為什麼風險會消失，反正只要它不見了就好。

幸運的是，某些風險會隨專案的進展而解除警報。也許某個組件本來擔心包商交不出來，隨著順利完成並通過驗收測試，這項風險就解除了。專案結束時，所有未成形的風險都算解除了。

當管理者施壓必須對風險採取行動時（換句話說，就是要讓風險消失），基本上就是不想等風險自己解除，他們立刻就要看到成果，所以，怎麼辦呢？有四件事可以做：

- 你可以迴避它。
- 你可以抑制它。
- 你可以紓緩它。
- 你可以逃避它。

當你不再做這個案子，或不再做專案中受風險影響的部分，你便是在迴避（avoid）風險，當然也就放棄了與風險相當的報酬。例如，美林證券迴避 1990 年代初期進入線上交易時代的風險，同時也放棄了加強產品差異化與品牌形象的報酬。

當你額外準備足夠的時間和金錢，就等萬一風險成形時砸下去，你便是在抑制（contain）風險。實務上，只抑制單一風險沒多大意義，所以你會抑制一整組風險，其中有些會成形，有些不會。這種策略必須預留足以抵銷風險成形的資源，細節將在後面的小節說明。

當你為了降低抑制成本，早在風險成形之前就採取某些措施，你便是在紓緩（mitigate）風險。為了讓抑制策略能在蛻變時發生效用，這是必須先採取的步驟。

當以上三件事都不做，認定風險不會冒出來咬你一口，你便是在逃避（evade）風險。如果打算逃避，按照習俗，你得祈求老天保佑。

　　前三件事都要花錢：迴避成本相當於報酬的損失，抑制成本相當於用掉的風險準備（risk reserve），紓緩成本則是花在降低抑制成本的錢，只有逃避看來是不用花錢的。

　　若有幸逃過一劫，的確不花錢。譬如，原本擔心關鍵人員離職，結果他們沒有；擔心上游供應商延遲交貨，結果他們很準時；擔心使用者看到粗糙的介面後會猶豫不決，結果他們可以忍受並說沒問題。你很擔心，卻什麼也沒做，結果雖令人開心，但這根本不算做了風險管理，因為：

> 風險管理不等於擔心。

　　結果這三個風險你都逃過了，但就像 Clifford 所說的那位船主一樣，這並未證明你是對的，只是還「沒發現」你是錯的而已，這兩者是不同的。

　　我們都逃避過某些風險，並為此慶幸不已，然而，規劃去逃避風險實在不是一個好策略。就算一份只列了十二個風險的風險列表，要讓十二個風險全數逃過，機率也是很小的。假設每個風險發生的機率只有10％，那麼這十二個風險當中，至少有一個冒出來咬你一口的機率將近是75％。[1]

　　特別值得一提的是，有些公司荒謬到喜歡把逃避風險當作追求工作績效的目標，對這一類公司而言，風險管理是浪費生命的事，整個風險管理必須投入的心血，看起來就像是下一波要裁減成本的項目。

1　也就是1減去0.9的12次方。

別人的風險

TRL ：我有一位顧客，在看完令人心動的展示說明後，打算購買某家
　　　廠商的最新版軟體套件。嚴格來說，所謂的最新版根本還沒
　　　上市，但這位顧客得到了「完全沒問題」的保證，他同意雇
　　　用一家已得到該廠商授權認證的承包商來管理這個專案，以
　　　便在 5 月底取得這套新的應用軟體。

　　　　　這家承包商做了某些風險管理，負責該案的經理提供了
　　　一份風險列表，上頭列了十二個風險，但這些風險都是同一
　　　個調調，全都是這位顧客無法履約的原因（因決策太慢而延
　　　誤了專案、未能提供足夠的工作空間給承包商等等）。

　　　　　現在，你大概已經猜出後面的故事了：造成該專案失敗
　　　的風險（這家廠商未能如期於 5 月份交貨）並未列在當初那份
　　　風險列表上，也一直沒人提出這個風險，等到發現時，一切
　　　都為時已晚，風險已不再是風險，它已經成為問題，更糟的
　　　是，這套軟體是在要徑（critical path）上。

　　　　　最後，這項專案宣佈取消之後，該套軟體的第一個可以
　　　順利運作的版本正式上市了，不過也請來了一堆律師。

　　這個故事點出了在承包開發專案中進行風險管理時面臨的複雜問
題──在這種情形下，最大的危險就是誤解誰在管理誰的風險。這位
顧客當然有權把某個風險指派給某個承包商去管，反之亦然，但假如
你是這位顧客，最保險的心態就是假設只有指派給承包商的風險是由
他去負責，其餘的風險仍是你自己要負責的。合約中的獎懲條款就隱
含了風險的分配原則。

　　如果有什麼因素會造成無法履約，或是減損履約後對承包商的價值，承包商才會把它當成自己的風險，其他的統統都會被他視為別人的風險，也很可能被排除在他的風險管理之外。這意味著你必須管理這些風險，否則沒人會幫你管。

　　常見的一種專案訴訟案件，就是客戶會很驚訝，某個重要風險竟然從未在承包商的風險雷達上出現過。通常，錯誤都是來自於合約沒有把這些風險的責任歸屬指派清楚。一般的遊戲規則都認定，沒有任何合約可以把全部的責任統統轉嫁給某個單位，不論是客戶，還是承包商，都必須做好某些風險管理。

風險承擔

　　風險承擔（risk exposure）就是風險抑制成本的期望值（expectation），這是借用機率理論中的綜合概念（synthetic concept），也就是把風險成形的機率與風險成形必須支付的成本相結合。以最簡單的情況為例，

風險承擔＝成本×機率

　　所以，假如某個風險發生的可能性是20％，一旦發生，就得付出100萬美元，那麼風險承擔就是20萬美元。

　　可以非常確定的是，為風險付出的實際成本幾乎不會剛好等於風險承擔的值。以這個例子來說，風險可能成形，也可能不會，假如會，就得付100萬，假如不會，一毛錢也不用花，無論如何，該風險的承擔值就是20萬。

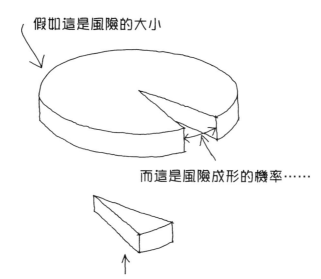

假如這是風險的大小

而這是風險成形的機率……

那麼這就是你的風險承擔

　　假如算出所有風險的承擔值，並保留與總風險承擔相當的風險準備，平均而言，應該足以支付風險成形後的開銷。有的專案會虧損，有的專案會結餘，若看長期，這份風險準備應該剛好夠用。

　　風險承擔評估並不是非常嚴謹的科學，之所以能求得風險成形的機率，憑藉的也許是業界資料、過去的問題列表、風險庫（risk repository），或純粹猜測。這個動作相當重要，雖然得到的答案永遠無法證明是最正確的，但千萬不要以此做為不去評估的理由。一個即將到來的火車撞上專案的可能性是 25% ，還是 35% ，其實並不重要，重要的是你已了解有一列火車會撞上來，並將之納入風險調查報告，開始瞭望地平線那一端是不是出現了黑煙。

　　截至目前為止，我們都把風險抑制當作金錢支出，但抑制風險也可能需要耗費時間，所以風險承擔也可以表示成延遲幾個月的期望

值。假如某個風險發生的可能性是20%，一旦發生，就得多花五個月，那麼時間上的風險承擔就是延遲一個月。

致命風險

當你評估風險的成本和機率時，可能會遇到一些難以估計的風險，因為它們的成本是……所有一切！這些風險就是你的致命風險（showstopper），一旦成形，就玩完了，不是重頭再來，就是專案取消請你捲舖蓋走路。

雖然難以量化（quantification），但辨別一或多個致命風險並不會讓風險管理失效。致命風險非常特殊，對待的方式也大不相同，它只能透過專案前提（project assumption）來管理。為了讓你的工作能夠繼續下去，前提就是要確保某些致命風險不會發生，萬一前提不再成立，就要把問題往上報，處理層級便提高了。致命風險跨越了專案所有的權力和責任。

以下是我們遇過的致命風險：

- 有家公司打算重新開發主力產品，預計兩年到兩年半才能完成，這期間可能會有某個競爭對手先發制人，率先推出相同的產品。
- 有個開發中的新產品打算放在目標市場上佔有率最高的作業系統上執行，到時，若該作業系統已升級到不相容的版本，怎麼辦？

對於這類風險，你也許是一個宿命論者，真的遇上，就認栽，所以犯不著為這種風險提防什麼，反正也控制不了，乾脆放輕鬆，把心力放在能處理的事情上。這種思考邏輯不全然正確，例如，假設你的

職位往上升了兩級，請告訴我們，你是否突然對這種風險開始非常關心了呢？你會發現，這種風險並不只是專案團隊的事，當初建案的人也有責任，由於之前投注的心血可能會化為烏有，所以，任何有損專案前提的事情發生，他就會想辦法。

　　規則就是職位比你高的人所擁有的風險，便是你的前提，這種風險一樣要列入風險列表（因為仍然必須留意它），但應註明它是專案前提，表示這部分不是你的管轄範圍，權責在你的老闆，或你老闆的老闆，你頂多只能按規矩往上報。風險管理計畫一攤開，裏頭應該正式說明某些風險是上面的人該管的，不過，請先確定自己已做好份內工作，管好了自己的風險。

風險準備

　　風險準備是一種緩衝，是為了抑制風險而多保留的時間或金錢。之前提過，一個蠻符合直覺的抑制策略就是配置與風險承擔相當的風險準備，如果遵循這項策略，結果可能是準備金**用不完**，或需要**額外追加**──兩者機率跟在保留緩衝的交付日期**之前**或**之後**完成的機率一樣。

　　比較保守的策略，就要配置比最樂觀時的風險承擔更多一些。當然，越積極，配置得就越少，假如少到是零，那就回到了原點。

　　下圖中，灰色區域代表最樂觀的人力配置情形，單位是美元。白色區域是預算準備（budget reserve），用來抵銷風險成形的機率期望值。

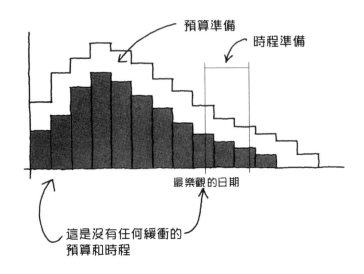

　　跟具備緩衝的專案計畫（灰色加白色部分）相比，最樂觀的專案計畫（灰色部分）顯示的交付日期較早，兩個日期之間的範圍就相當於時程準備（schedule reserve）。把預算和時程準備設定成與風險承擔一樣，平均而言，就相當於配置了足以抑制風險的準備了。

紓緩成本

　　紓緩也要花錢，紓緩行動也要算在灰色區域內，因為這是100%會發生的事。根據定義，紓緩是風險成形之前進行的，所以，就算風險沒有成形，付出去的紓緩成本也拿不回來。所以，因紓緩而節省下來的抑制成本必須超過新增加的紓緩成本，否則，就不值得花這個錢。

　　在下兩張圖中，顯示DIA的高層主管可以評估一下建造兩用隧道的價值，若ABHS軟體落後，這種隧道馬上就可以紓緩。第一張圖是沒有紓緩措施的專案計畫：

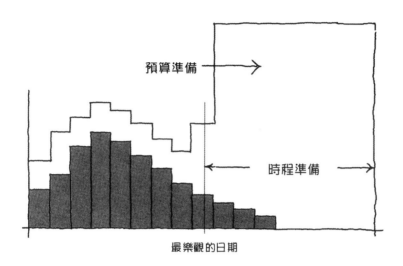

沒有紓緩措施，時程準備就會很大，因為當 ABHS 落後時，整個專案就會陷入進退不得的窘境。預算準備也很大，這是為了要支付額外增加的財務負擔。

對照專案初期即建造兩用隧道紓緩措施的計畫：

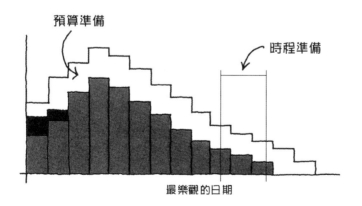

時程和預算準備都大幅降低了，但灰色區域變大了，即圖中前兩行深灰色的部分，這就是紓緩成本，也是建造兩用隧道多增加的成本。時程也拉長到更右邊，大約多了一行寬度，這是因為紓緩措施不但要花錢，也要花時間，所以，跟不做紓緩相比，圖中最樂觀的日期會晚一些。

既然有紓緩時最樂觀的情況（最幸運、所有風險都未成形）不如沒有紓緩時最樂觀的情況，那麼怎麼知道有紓緩比較好呢？判定方法是：

- 跟不做紓緩措施相比，最外層曲線以下的面積（代表實際上的成本）比較小。
- 跟不做紓緩措施相比，最樂觀的日期加上時程準備所得到的日期（代表實際上的交付日期）比較早。

蛻變指標與蛻變監控

每個納管的風險都必須選擇一或多個用來偵知風險成形的指標，用你那雙鷹眼盯著，才能在必要時立即啟動應變計畫。

你也許會說，只要採用一個能最早發現狀況的指標就夠了，但問題不會那麼簡單，能最早發現狀況的指標可能會誤報（false-positive）。例如，規劃旅遊時，五天前的氣象預告很可能不如預期，若時間允許，不妨出發前二十四小時再看氣象預告（更為精確）。

另一方面，比較不會誤報的指標可能反應時間又比較晚，請參考卡車司機的座右銘：

> 每個滾動的球後面都跟著一位追逐的孩童。

並不是真的*每個*滾動的球都代表有個孩童將要被你撞到，不過，一看到球，你還是立刻踩下煞車比較好。

於是，在選擇蛻變指標時，必須在急迫性和誤報成本之間進行仔細的評估。

10

風險管理的處方

檯面上的基本概念在之前的章節都講得差不多了，但該怎麼做，到目前為止還沒提到細節。所以，我們現在就來說明進行風險管理時，一般都該做些什麼。

到底該怎麼做風險管理

風險管理最基本的 —— 要結合到專案裏的 —— 就是以下九個步驟：

1. 透過風險探索程序（詳見第 14 章）找出專案面臨的風險，彙整成風險調查報告。

2. 確定軟體專案的主要風險（詳見第 13 章）都已納入風險調查報告。

3. 針對每個風險，完成以下事項：
   - 為風險命名，並賦予唯一的編號。
   - 進行腦力激盪，找出風險的蛻變指標 —— 能有效及早預告風險

即將成形的事物。

- 預估風險成形對成本和時程的衝擊。
- 預估風險成形的機率。
- 計算時程和預算的風險承擔。
- 預先決定一旦風險蛻變則必須採取的應變行動。
- 敲定為有效執行應變行動而必須預先進行的紓緩措施。
- 把紓緩措施納入專案計畫。
- 把所有的細節記錄在一份類似附錄 B 的制式文件內。

4. 指出做為專案前提的致命風險（showstopper），循一般正式管道把這些風險往上報。

5. 假設不會有任何風險成形，估計最早的完成日期。換句話說，預估的第一步就是要確定奈米機率日（nano-percent date），亦即對無法完成的說詞不再能自圓其說的第一天。

6. 參考自己或業界的不確定性係數（詳見第 13 章），以 N 點為起點，畫出風險圖。

7. 利用風險圖表示出所有的承諾，凡是跟規劃日期和預算有關的不確定性也統統明確標示出來。

8. 監視所有風險，注意是否成形或解除，一旦成形，便立即啟動應變計畫。

9. 在專案進行時，持續風險探索程序，以對付較晚才浮現出來的風險。

很簡單就可以把這些步驟列成一張表，但實行起來會有一點困難，所以有必要再多做一些說明：

以 N 點為基礎來排定時程

以 N 點為基礎來排定時程，憑藉的就是與生俱來的樂觀傾向，而過去的經驗（以及目前正使用的工具）可以幫你計算出很合理的 N 點，亦即專案順利完成最樂觀的日期。與傳統方法不同，我們不建議承諾在 N 點可以完成，而是採用一套以 N 為輸入的程序，然後用風險圖表示出不確定性的範圍，以此來做為更合理的承諾。

當然，這種方式也可能會被濫用，譬如，有人不顧一切，為了要得到你 12 個月就能完成的承諾，便硬把 N 點訂在第 4 個月的月底，但這些人必須對自己說的話負責：要能解釋 4 個月至少在技術上可行，而且以往類似的情況下，工作績效曾經有過如此輝煌的紀錄。

承諾與目標

假設專案的風險圖 N 點是在 3 月，有 75% 的把握會在 9 月完成，根據這些，也許就可以跟利害關係人承諾到 9 月就能拿到產品。9 月是一個很合理的承諾日期，但若要把它當成專案團隊的目標，就不是很理想了。沒有人會為一個完成可能性保證有 75% 的目標全力以赴，這沒什麼挑戰性。同樣，N 點也不是好目標，因為也沒人會為一個完成可能性大概是零的目標全力以赴 —— 這種徒勞無功的事曾經浪費掉咱們多少青春歲月。最合乎情理的，就是在 N 點和做為承諾日期的那一天之間，設定一個挑戰性目標。

這是一個全新的做法：規劃專案時程時，把承諾日期和挑戰性目標分開來訂。絕大多數公司向來都是這麼訂：

時程 ＝ 目標 ＝ N ☞ 非常笨的做法

把目標訂成 N 就太刻薄了，因為不可能達到；把承諾日期訂成 N ，相同的道理，那只會把人給嚇死。我們建議：

時程 ＞ 目標 ＞ N ☞ 比較合乎情理

假如認同這是合情合理的做法，可別以為組織裏的人統統都會這麼認為，因為承諾在 N 點交付的壞習慣已經根深柢固，所以，必須先改掉這個壞習慣才行，但必須認知到——就跟改掉其他壞習慣一樣——難免要經過一段陣痛期。

TRL ：我父親是一位數學家，一位退休的數學教授。有一天，他責備我說，軟體專案似乎都會落後，幾乎百分之百都是。

「怎會這樣？」他問。

我說：「哦，專案最後只有兩種結果，不是如期完成，就是落後。除非少數非常優秀的案子，否則我認為落後的可能性本來就非常高。」

「結果不是只有兩種，Tim ，」他回說。「還有第三種：提前完成。」

這不禁讓我思考，在我拜訪過的公司中，從來就沒聽說過提前完成這種事，如果一位管理者提前交卷，就會被指為時程浮報，並可能不容於公司。

由於我們不允許「提前完成」這第三種結果，所以如期交付的勝算已降到幾乎是零，這種不合理的評斷使得時程緊繃成了常態，而非

例外。

　　為了激發對承諾日期的信心，必須重新把提前交付變成可被接受的事才行，的確，這需要在組織文化投入相當的心血。一旦提前完成不再被責難，利害關係人才會開始對如期完成有合理的期望。實際上，我們可以設定一個與承諾日期完全不同的目標，並開始向大家證明長久以來一直想證明的事，也就是：說到做到。

不確定性的取捨

　　如果交付日期事先就敲定了，而且不留任何延誤的餘地，可以想見，在老闆面前亮出風險圖，表示不確定是否能如期達成任務，恐怕不會有什麼好下場。

　　幸運的是，你可以在時程不確定和功能不確定之間做取捨。假如日期完全不能改，也可以用另外一種風險圖來表現專案的不確定性，就像這樣：

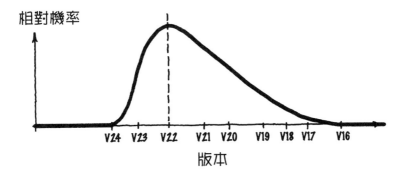

　　這張圖的日期是固定的，不確定性是按這一天可交出的成果來呈

現。假如沒有任何風險成形，版本 1 ～ 24（以 V24 表示）的功能統統都可以交付，但因為全部風險都逃過的機會實在很小，所以 V24 便稱為奈米機率功能（nano-percent functionality）——並非不可能，而是幾乎不可能。如果要在那一天完成版本 1 ～ 21，根據曲線下方屬於 V21 左邊區域的面積大小，可知大概有五成把握。假如利害關係人認為，至少要完成 V22 才有意義，那麼滿足他們的機率只有 30%，或許，這又是一個不受歡迎的消息，但若隱匿不報，只是延緩（或惡化）最後的追究罷了。

在此提出三項警告：第一，這個方法要行得通，必須充分發揮漸進式實作（incremental implementation），而且要預先敲定每個版本的功能。若你只打算交付兩、三個版本，畫出來的不確定性圖就幾乎沒有意義。此外，若很晚才決定各版本的功能，使用者也將無法評估哪些功能會有風險。

第二，小心專案在表面上是不變的期限（fixed deadline），但骨子裏卻完全不是：

TDM：我曾經在紐約北部擔任某個專案的顧問，這個案子號稱有個「明確、不變的期限」，產品一定要趕在第二季結束之前交付，沒有任何討價還價的餘地。但實情並非如此，事實上，產品一直到第十八個月以後才交付。回顧這個案子，我不得不對所有關於「明確、不變的期限」的硬拗說法感到訝異，因為該案的最後期限既不明確，也並非完全不變。

我很少跟利害關係人處得像哥兒們一樣，但這個案子是例外，所以有什麼不爽的問題，我就直問直說了。他告訴我

——一面把酒給斟滿——那時他非常擔心成本可能會失去控
制，當初設定的期限其實也沒什麼急迫性，不過是想把專案
弄成在期限內就只有那麼點錢可用的樣子。等期限一到，他
看出把錢砸在這支開發團隊上是值得的，這才把重新修訂的
時程給端出來。

在某些專案中，不變的期限是真正要如期兌現的（貴公司贏得
CNN 選情預報軟體的合約，總統大選之夜要用）。至於其他專案隨隨
便便訂出來的期限，就像上面的例子，當天截止並沒有任何實質上的
需要。要對付這兩種情形，就得充分採用漸進式實作，不過，採用漸
進法是要耗成本的，尤其第二種情形，成本將浪費得更多。

另外，假如在不變的期限之前，連交出一個版本的可能性都很小
的話，採用漸進法也無濟於事：

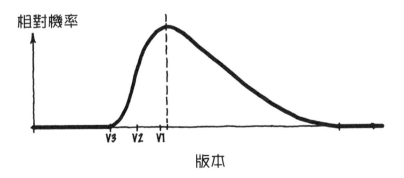

由上圖可知，在期限截止時，專案有 60% 以上的機率連第一個
版本都做不出來。

公開風險調查報告

這方面的重要性也許並不高，但假如政治環境許可的話，絕對要把你的風險調查報告公開。死抱著這份報告不放，便是剝奪了利害關係人監控專案的一條路，他們也就無從了解目前掌握了哪些機會，而哪些機會掌握不住。可行的話，就把風險列表、以及相關的行動措施分送給每一位利害關係人，好讓大家不會被某些應變作為嚇一跳。把風險管理公開，大家的焦點才會集中在對專案成敗影響最大的變因上。最後，公開風險調查報告也可促進大家持續參與風險探索程序。

如第5章所述，想平安地公開風險調查報告，除非大家都一起公開（假如屋子裏只有你一個人誠實，其他人都是騙子，你處境是很危險的）。當所有風險列表都公開時，整個組織將煥然一新，任何管理者遺漏的核心風險都會被突顯出來。比較一下風險列表，很容易就知道有誰忽略了某個重大風險而過度承諾，表面上野心勃勃滿口答應，似乎高人一等，一旦了解他們不把風險看在眼裏，就會覺得他們很笨。

11

回到根本

在 這一章，我們要回過頭來探討風險和風險圖的根本，以及風險管理與其他較為人熟知的專案管理作為之間，彼此如何相互影響。主題雖然相同，但之前的章節是介紹性的，比較鬆散，這次加入的是比較嚴謹的想法。

「我不知道」的背後涵義

專案管理其中一個重點就是在找出一些關鍵問題的答案，例如：何時可以完成？產品的平均失效時間（mean-time-to-failure）是多少？使用者會接受並使用這項產品嗎？這些問題統統跟錢有關，因為它們直接關係到對交付產品的成本／價值取捨。

針對這些問題，有一個很誠實的答案，就是「我不知道」。你當然不知道，問你問題的人也*知道*你不知道，探詢未來結果的問題本來就跟「知道」本身的概念相互矛盾。

或許可以在回答時加上一些修飾，就說「我不知道，但是……」然而，就算不修飾，大家也心知肚明。

在此要表達的重點就是，你有必要把這些「我不知道」的問題弄清楚，因為那通常就是風險的所在。無論什麼不知道，只要會造成不利的負面影響，就是風險。蒐集各種「我不知道」的問題，把不知道的根本原因找出來，就得到一份完整的風險列表了。

其中一個切入風險管理本質的策略，就是每聽到自己說「我不知道」（不管是嘴巴說，還是心裏說），就強迫問自己：

> 對於我不知道的東西，我知道什麼（或我能知道什麼）？

就算不知道，通常還是會有某些線索存在，擁有這些線索，總比沒有要好。

舉例來說，你在 3 月 31 日要開墾一片花圃，附近沒有水源，只能靠老天下雨，於是跟錢有關的問題就是，花圃會降多少雨？當然，你的答案就是我不知道。顯然，這正是某個風險的徵兆，如果沒有足夠的雨讓植物發芽，花錢買的種子就泡湯了。現在，趕快問自己：對於我不知道的東西，我知道什麼（或我能知道什麼）？從網路搜尋或拜訪一下當地的農業部門，很快就有了線索：

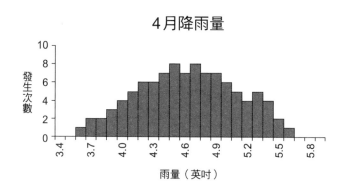

4月降雨量

　　這是一份歷史紀錄，記載過去一百年來，當地 4 月份的降雨量。假如種子的供應商又提供了另一個線索，他說，若要讓植物發芽，播種後第一個月至少要降下 2 英吋的雨，於是你信心滿滿，因為風險很小。假如至少需要 4.4 英吋呢？哎呀！這下子風險就大多了，圖中顯示在過去一百年間，4 月份的降雨量將近有三分之一是低於所需要的量。

　　你仍然不知道今年 4 月會下多少雨，但對於你不知道的東西，現在已經知道一些數值，該怎樣對付不確定性，這些值可指引你進行規劃。假如某個紓緩方案所費不貲（例如，鋪設一條從家裏通到花圃的水管），那麼到底該不該花這個錢，這些實用的資料將有助於判斷。

再談不確定性圖（風險圖）

　　不必驚訝，剛剛的降雨圖就是不確定性圖，我們對它正式下一個定義：

　　不確定性圖　*n*：一種平面圖，以橫軸列舉一組可能發生的結果，以縱軸表示每一種結果的相對可能性。

　　當不確定的東西會對專案造成重大財務影響時，畫出來的不確定性圖就稱為風險圖。

　　不確定性圖所展現的就是過去結果的樣板（pattern）：

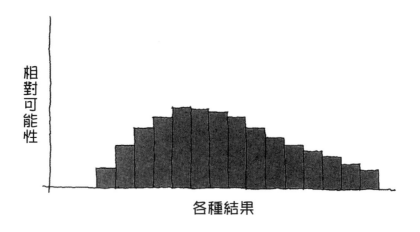

為了方便，通常會調整縱軸的比例，好讓可能性的加總等於一。

對大部分「我不知道」的問題而言，基本上，能盡力做的就是回顧過去的樣板，以對未來不確定性的範圍所有了解，雖然仍無法回答問題，但該如何衡量不知道的範圍，這是一個著力點。不確定的程度可能是毫無頭緒，也可能是充滿信心，它幫你標定出在這之間的位置。

一個更好的風險定義

現在從花圃切換到更煩惱的事，也就是軟體專案何時才會完成的不確定性：

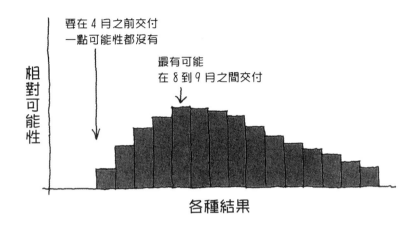

以後，你都可以為專案畫出這種圖，不過，現在請把焦點放在有了這圖，會有什麼好處。

風險圖可用來量化任何風險的範圍。例如，在圖上找到一點，讓它左右兩邊面積相等，你可稱之為五五波風險，在該點，超前的可能性首度超過落後的可能性。也可以找出涵蓋 90% 面積的那一點（大約在明年 5 月左右），表示若以之做為交付日期，延期的可能性只有 10%，換言之，很有可能如期完成。也可以去掉最樂觀和最悲觀的 10%，宣稱有 80% 的機會將在今年 5 月到明年 5 月之間完成。不管以何種形式呈現，風險圖就是一種評估風險範圍的工具，不過，我們希望它在你心中能建立另一個更為深層的意義：這種圖正是風險的寫照。這引出最後為風險下的定義，以取代第 2 章的暫時性定義：

風險　*n*：一個描繪各種可能結果及各結果所佔比重的加權樣板（weighted pattern）。

之所以用這種方式來定義風險，目的在於根除過去用數字思考的

習慣，取而代之，我們比較鼓勵用圖形思考。過去，老闆會問說：「我們明年年初交不了貨的風險有多大？」總像是在請你說出一個百分比值，不論是直接講一個數字，或是暗指某個值的說法：

- 「這已是囊中之物，老闆」（有100%的把握）；
- 「我猜，好壞參半」（50%）；
- 「恐怕很渺茫」（連1%都不到）。

現在，風險的概念在經過改良之後，這類問題就可以用一張風險圖來回答，就像前面那張圖一樣。我們不必特別為老闆、客戶或利害關係人過濾出某個值，而是把全部的可能性攤在桌上：「正如您了解的，軟體開發總會存在一些不確定性，而這張圖就是本案不確定的範圍。」

風險圖的特徵

之前我們展示的不確定性圖，有些是簡單的長條圖（bar chart），其中每根長條都對應到一種可能的結果，還有些是平滑的曲線圖，這兩者有什麼差異呢？以下兩圖為例，左邊和右邊的降雨量圖有何不同呢？

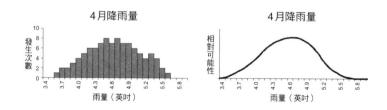

差別就在於精細度（granularity）。如果只有一百年的資料，畫出來就會像左圖一樣崎嶇顛簸，每根長條的寬度都寬到看得出來；假如有一百萬年的資料，長條的寬度就會很細，看上去便是一條平滑曲線，像右圖。

基於實用考量，局部性的資料（貴公司少數專案的觀察結果）傾向採用較粗略的精細度，若要表現整個產業趨勢，包含上千個專案，則傾向採用平滑曲線。若不要求非常準確，也可用一條平滑曲線來近似粗略的長條圖。

風險圖通常長得都是一副特定形狀，例如，我們也許會聯想到數學家說的「常態」（normal）分佈，即中心點兩邊對稱的樣子：

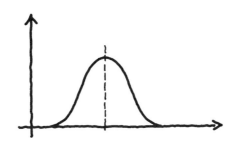

更常見的是偏向某一邊的圖形：

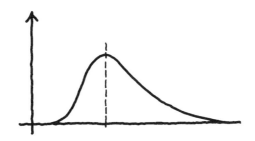

　　偏一邊是因為人的工作績效正好具有這種傾向，相對來說，高績效的一端（通常在左邊，表示工作進展較快）會比低績效的一端還要密集。

　　最後，還有一類看起來很怪異的圖：

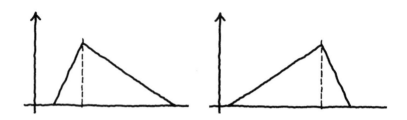

　　怪異，但很實用。這是在沒有犧牲太多準確性之下，刻意近似的平滑曲線。這種三角形不確定性圖吸引人的地方就是：它把焦點集中在最佳、最糟、以及最可能的情況。後面會看到，在處理某些組成風險（component risk）時，這種三角形曲線非常方便。

加總風險和成因風險

　　至此我們已見識到兩種不同形式的風險。第一種是**加總風險**（aggregate risk），用於把專案視為一個整體來考慮的時候，整個專案的風險輪廓可透過不確定性圖來展現交付日期、總成本或耗費的心力，或在日期不變之下可能交付的各個版本。第二種是**成因風險**（causal risk），也就是上面提到的組成風險，例如，員工生產率、人力流失。顯然，這兩種風險是相關的，影響專案成敗的成因可能不少，透過這些成因的不確定性，便可直接求得加總後的不確定性：

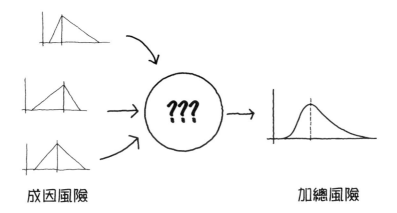

圖中位於中間的過程（把一組成因風險轉化為加總風險），就是後續即將提到的「風險模型」（risk model）。

請觀察一下，輸出入都是風險圖，換句話說，每個成因風險都是用一張風險圖來描述，隨後，透過某種自動化的方法將之融合，而產生一個風險加總的指標，一樣是用風險圖來描述。

兩種模型

這裏好用的地方就是預言家和風險指標的結合。首先，它問你十多個有關專案的問題，然後吐出一張風險圖，上頭會顯示有可能完成的日期範圍，每個日期都對應到一個不確定性的值，它可為你進行預估，也可就預估結果進行分析。

如此勁爆的工具是由可調參數預估器（parametric estimator）和不確定性重疊器（uncertainty overlayer）所組成。可調參數預估器的組件在市場上都買得到，說不定你早就擁有一套，也許是公司買的，

或是內部開發的。把你對專案所知的東西灌進去（功能點、SLIM 參數、COCOMO 預測器，或任何東西），再根據自身的程序和歷史資料加入客製化資訊，它就會告訴你專案要花多少時間。

[譯註]

把系統分解成一個個小功能元件，針對每個元件計算出點數，配上加權指數與經驗公式，從而推論出軟體規模與資源成本，即為功能點（function point）估算法。構築成本模型（Constructive Cost Model, COCOMO）是 1970 年代時 Barry Boehm 研究了 63 個軟體專案後推演出來的時程估算法。軟體生命週期管理（Software Lifecycle Management, SLIM）則是由 Lawrence H. Putnam 提出的，它是 1970 年代美軍用來做為開發專案的估算工具。

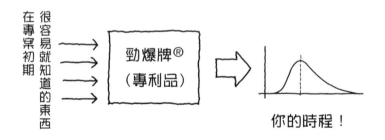

不論你目前使用什麼預估器（就算只是舉起沾了口水的手指來預估風向），都建議你繼續用下去，並結合隨後兩章將提出的風險模型。預估器是生產模型（production model），顯示在多少時間內能產出多少東西，至於風險模型，則會顯示生產預估有多少不確定性。兩個模型合作、互動的情形就像這樣：

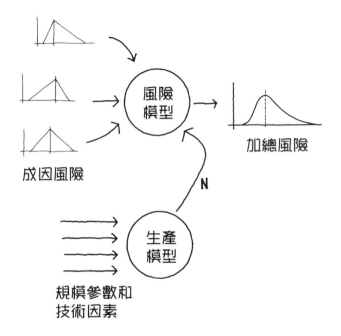

上圖中，最後輸出的時程是以風險圖來呈現，顯示在未來任何一個時間點上，你能多確定可否交付。相同手法也可得到另一張加總風險圖，用來顯示在某個日期範圍內可能交付的版本。

把兩個模型結合起來的唯一參數是 N ，即奈米機率日（nano-percent date）。這張圖也意味最好把生產模型或預估器調在最樂觀的設定，盡量用最佳情況來計算 N 值，再利用風險模型標出不確定性，得到加總風險圖。

風險圖的小差異

為了說明下一個觀念，需要借助一張很粗略的不確定性圖（就是

要粗略才能突顯效果）。假設我們正在研究一群小學生，根據蒐集到
的體重資料，每20磅分為一組，發現在 101 ～ 120 磅的有一位小朋
友，121 ～ 140 磅有三位，141 ～ 160 磅有兩位：

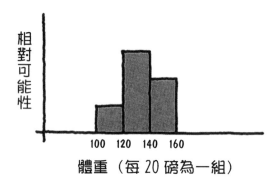

　　這可視為一張不確定性圖：假如一位小朋友跳到你腿上 —— 他到
底有多重，這張圖可表示不確定的程度，說明小朋友落在這三組體重
範圍的可能性各有多少。

　　稍微變化一下，相同的資料也可用一組組累加的形式來呈現：

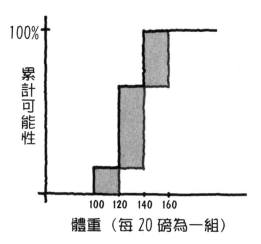

　　這張圖的解讀方式稍有不同：它告訴你的，是小朋友落在某一組範圍（含）以下的機率有多少。第一組以下，機率是零（這一班沒有體重低於 100 磅的小朋友），最上面那組以下，機率是100％，因為全班沒有超過 160 磅的。

　　兩種圖描繪的都是同一份資料，第一種圖顯示落在某一組的相對可能性，第二種圖顯示落在某一組（含）以下的累計可能性，兩者分別稱之為漸進式（incremental）和累計式（cumulative）不確定性圖。

　　現在回到真實世界：以下是針對專案交付日期畫出來的漸進式風險圖和累計式風險圖。

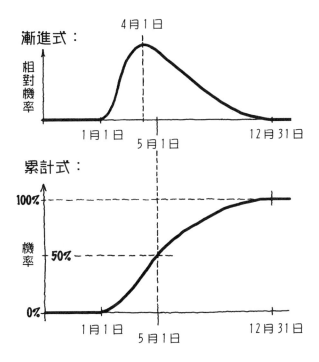

　　再次強調，兩張圖用的資料都相同，只是呈現方式不同。首先，你將會注意到，累計式風險圖的縱軸比例比較容易讓人理解，它直接表示0%～100%的機率值，任何在1月1日以前的日期都毫無希望（幾乎是0%），但若可做到明年12月底，基本上將確定可如期完成（幾乎是100%），至於明年5月1日，從累計式風險圖直接就可看出可能性是一半一半，但在漸進式風險圖，就得由左至右估出面積才能知道機率。

　　兩種圖都很實用，假如已根據資料畫出其中一種，另外一種也很快就可以推導出來。

12

工具和程序

本章目的有二：（1）提供一套方便的風險評估工具；（2）帶你入門使用這套工具。這套工具叫做RISKOLOGY，可免費從我們的網站下載（http://www.systemsguild.com/riskology）。上一章提到過，它是一個風險模型，必須搭配你自己的生產模型或可調參數預估器來用。這套工具不會預估專案會做多久，但可告訴你預估結果會有多少不確定性。

RISKOLOGY 以試算表（spreadsheet）來呈現，只要把風險量化資料準備好即可運作，其中也為軟體開發的四個核心風險預設了一個資料庫。（核心風險將在第 13 章討論。）

你開車時不需知道馬達和控制系統的運作細節，同樣地，在使用這套風險模型時也不需知道內部的演算邏輯。不過，我們還是會帶你一窺這套模型的堂奧，除了降低神祕感之外，主要是幫你學會手動調整試算表，使它更貼近你所處的環境，這很重要，因為透過客製化（customization），至少可以把專案中較明顯的不確定性剔除掉，就地蒐集而來的資料說不定比業界資料更樂觀、也更適用。

在進入細節之前，先做個保證，讓你心安：本章不會引進任何嚇

死人的數學，運算都很簡單，應該難不倒你。假如你會用試算表預測退休後的收入，那麼手動調整RISKOLOGY 應該不成問題，更不該束之高閣。

複雜的合併過程

任何風險模型技術，骨子裏其實都在計算兩個、或更多不確定性的合併效果：

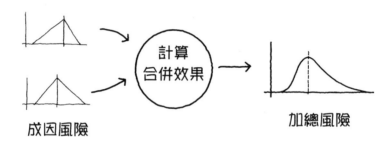

成因風險　　計算合併效果　　加總風險

在下一章尾，我們會展示這在軟體專案中的運用情形，不過，為了使你易於領會，在此先用一個簡單的虛構案例來解釋相關的概念。

假定你是一位賽跑選手，每天慢跑，風雨無阻，但跑步所花的時間跟某些限制因素有關，日常練習可能要花上十五分鐘到將近一小時。根據紀錄，你發現跑步速度跟跑步距離無關，並維持在每小時六英哩半到九英哩之間。這項觀察進行很久，因此累積了為數可觀的紀錄：

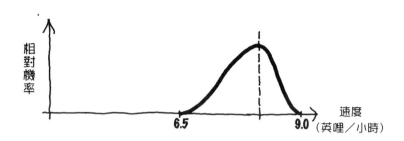

實際資料也許是一張長條圖，但上圖已用一條包覆曲線（envelope curve）逼近，看上去就像一張不確定性圖。沒錯，它正是，而且常見的形式有兩種：

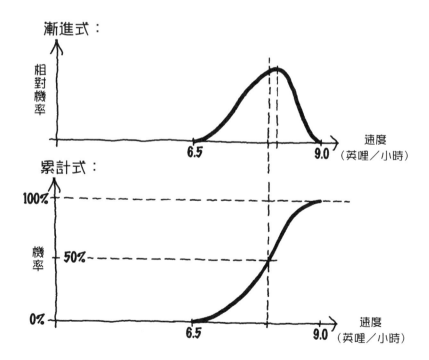

到底下次會跑多快，其不確定性可以用過去結果的分佈來表示。

　　假如下次跑步的速度並不是影響跑步時間的唯一因素，又假設你即將跑一段你也不知多長的跑道：例如某個高爾夫球場一圈。由於不曾在那裏跑過，所以完全不確定會跑多遠。不過，從職業高球協會（P.G.A.）可取得有關球場周長的資料，得知球場一周是 2～4 英哩，最可能的周長是 2.8 英哩，據此畫出一張分佈圖：

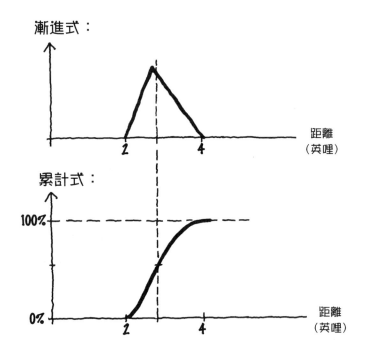

　　由於資料很少，畫出來很粗略。

　　現在要問：下次跑步需時多久？記得時間是距離（英哩）除以速率（英哩／小時），假如兩個參數都是固定值，馬上就可算出結果，但目前兩者都不確定，都在某個範圍內變化，可知結果也會有某些不確定性：

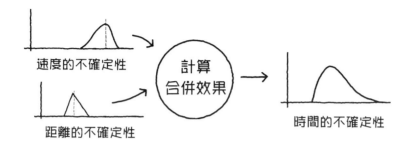

為了混合兩條輸入曲線，以推導輸出曲線，需要運用積分（integral calculus），但本章又不能談嚇死人的數學，怎麼辦？

與其用數學推導，不如藉由模擬一連串跑步結果來逼近這條曲線，這需要建立一個取樣工具，以便從任何不確定性樣板（uncertainty pattern）中連續取樣，又能保證這些取樣點可隨取樣時序忠實反映樣板的圖形。效果就是：

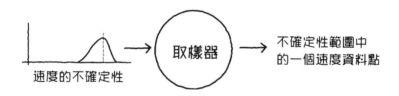

在本例中，假如由你來取樣，你會怎麼做呢？第一點很容易，只要在最小值到最大值之間挑出一點即可，不論哪一點，誰敢批評呢？但是，假如這種事必須做一次以上，就該暫停一下，想想「隨取樣時序忠實反映樣板的圖形」這項要求，如何挑出一連串資料點，使它們正好可反映出原來不確定性圖中的機率分佈呢？

不論怎麼做，挑出來的資料點都必須能做為輸入不確定性圖的忠實翻版，請自我檢查，結果也許要按照取樣時序來蒐集——安插到適

當的分組——並據以畫出長條圖。如果取樣過程做得很正確，依續畫出來的長條圖（按照取樣越來越多的時序）便類似於：

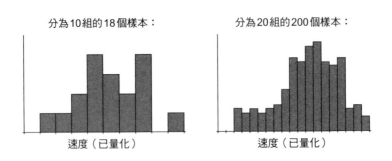

最後，當取了幾百個資料點時，長條圖的包覆曲線應該會跟最初那張不確定性圖長得很像：

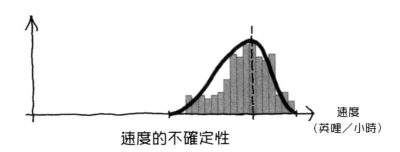

蒙地卡羅效應

　　蒙地卡羅取樣法（Monte Carlo sampling）可保證隨取樣時序忠實反映樣板，蒙地卡羅取樣器係以累計式不確定性圖來表示過去觀察的資料，並搭配一個簡單的亂數產生器來觸發取樣動作。假如取樣數量足夠，構成的長條圖就會逼近你所觀察的資料樣板。產生器設定只會

產生 0 到 1 之間的隨機數字，技巧就是利用該數字，沿不確定性圖縱軸標出對應的點，再畫一條通過該點的水平線。例如，若第一次產生的數字是 0.312，就在縱軸 0.312 那點畫出一條水平線（參考下圖）。

　　然後，畫一條垂直線，通過水平線與曲線的交叉點。這條垂直線碰到橫軸的數值，就是第一個取樣點（參考下頁圖）。

　　圖中顯示在第一次取樣後，可期望跑步速度為每小時 7.66 英哩。現在重複產生更多隨機數字，每次都會得到一個速度取樣值，假如這個程序持續夠久，就會得到一張長條圖，而長條圖的包覆曲線就會逼近最初那張不確定性圖（漸進式的那張）。

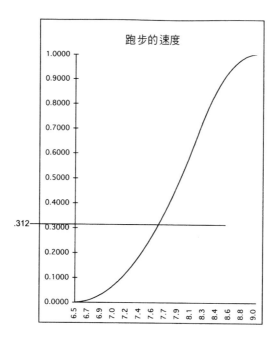

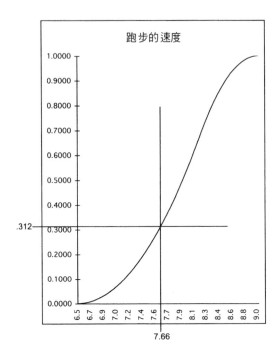

模擬兩個不確定性

　　現在，這個簡單清爽的取樣器應可用來解決手邊的問題了，我們需要兩個取樣器，一個從速度圖取樣，一個從距離圖取樣：

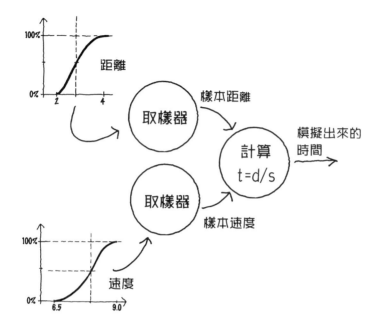

　　此法係靠樣本來完成數學運算,以避免曲線積分。舉例來說,當第一次運用這套程序時,它告訴你會花 33 分鐘跑完球場,這沒多大意義——只是以隨機的速度值和距離值算出來的,但一次又一次運用這套程序後,結果就變成一個分佈,該分佈會越來越逼近跑步期望時間的不確定性。

　　雖說上圖只處理具有兩個不確定性的問題,但依此類推,也可模擬 n 個。下圖便是處理一百個不確定性的結果:

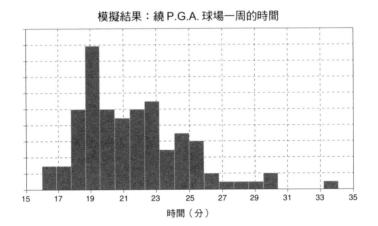

這項技術不限於處理兩個不確定性，它可用來處理一卡車讓軟體專案陷入絕境的風險。

軟體專案風險模型

RISKOLOGY 就是為軟體風險管理者建立的蒙地卡羅模擬器，直接以蒙地卡羅取樣法實作而成，並以試算表來呈現。由於是用Excel寫成的，所以必須先取得Excel的合法版本才行。其中也內建了某些常見風險的資料，你可直接使用，也可改用自己的資料。

RISKOLOGY 模擬器可從網站下載：

http://www.systemsguild.com/riskology

上頭也準備了一些範例和指令，供你運用或客製化這套模擬器。

模擬的附帶效用

一旦為專案模擬出足夠的樣本,模擬器就會輸出一條堪稱平滑的曲線,顯示交付日期、或在日期不變下交付功能的加總風險,以風險管理的術語來說,結果就是一張加總風險圖。

對於不熟悉風險管理或對不確定性較難領會的人,建議改用模擬結果來跟他們說明,例如,「本案我們已在模擬器跑了五百次,結果如下:」

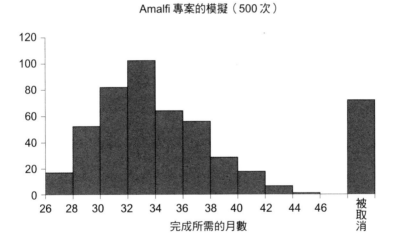

「請看,這張圖顯示,在第 30 個月之前交付的可能性大概只有 15% ,並非這一天不可能,只是風險蠻高的,只有 15% 的把握。若需要 75% 的把握,最好宣佈在第 40 個月交付。」

RISKOLOGY 之外的選擇

RISKOLOGY 並非你唯一的選擇，也有現成的類似產品可以買。與其在這裏說明，我們把這些資訊放在 RISKOLOGY 網站（參考之前的 URL），隨時更新。那兒還有至少兩種中介風險工具（meta-risk tool）——可供自行開發風險模擬器之用的工具組。這些產品都不貴，也很容易上手。

接下來就要開始談論我們認為最普遍的問題，也就是軟體專案都會面臨的核心風險。

13

軟體專案的核心風險

只要待過軟體界，就知道讓專案遭殃的都是些老問題，時程落後和沒完沒了的需求變動並非遇過一次就免疫，這些問題總是陰魂不散。雖然這種情形大家都知道，但很奇怪，我們就是不會為此預先規劃，老是假裝問題會隨風而逝，當然，這根本是一廂情願。本章將協助你在下一個專案中考量這些老問題，並透過RISKOLOGY模擬器，說明如何利用工具來掌握核心風險的習性。

普遍見於軟體專案的風險

你也許可以舉出二、三十個——至少在某種程度上——各專案中常見的問題，但這裏只選五個，不單是因為它們總是造成計畫不如預期的罪魁禍首，也因為我們已累積了一些實用的業界資料。以下便是我們的核心風險列表：

1. 先天的時程錯誤（schedule flaw）
2. 需求膨脹（requirement inflation）（沒完沒了的需求變動）

3.　人力流失（employee turnover）

4.　規格崩潰（specification breakdown）

5.　低生產力（poor productivity）

　　以上只有最後一項才真正跟員工的工作表現有關，其餘四項都跟做得多辛苦、多精明幹練無關。之所以要強調這點，是因為在風險管理上令許多管理者擔心的事情之一，就是怕這些風險被拿來當作績效不佳時的藉口。但是，預先為無法捉摸的事物進行合理的準備正是風險管理的核心，預先準備並不能讓你為失敗開脫，只能在風險造成威脅時保有緩衝的餘地。以下便逐一定義這五個風險，並展示量化這些風險的業界樣板（pattern）。

核心風險 #1：時程錯誤

　　第一個核心風險是時間的安排有缺陷（或徹底失敗），這是時程本身的錯誤，而非專案執行方式的錯誤（時程積極哪有不喜歡之理，有些管理者會很驚訝為什麼要把挑戰性的時程視為缺陷）。跟工作表現相比，時程錯誤不僅是真正的風險，也是五個核心風險中對專案衝擊最大的。

　　時程錯誤可以視為是對於產品規模的誤判，就算非常認真去評估——運用功能點（function point）、COCOMO 加權 KLOC、或類似的衡量單位——都仍然很可能低估了規模。一般人都寧願事到臨頭再想辦法，也不肯未雨綢繆，於是，專案規模高估的部分，通常都不足以抵銷低估的部分。

　　假如不認真評估產品規模，時程就只是一個希望，沒有任何根據：「唔！顧客在 5 月就要拿到東西，也就是七個月後，所以，我猜時程就是七個月。」不把規模想清楚就敲定時程，逾期 50% ～ 80% 便不足為奇。七個月的案子最後卻做了十二個月，生氣的高層主管很少會怪時程，相反地，他們會怪人沒有盡力——不論時程訂得有多離譜。回顧這些專案便會發現，當以強硬手段限制時程時，同時也限制了做出來的東西會有多大，這種限制是不切實際的。

　　在軟體產業，時程錯誤的問題有多嚴重呢？為尋求答案，我們必須消化有關逾期的資料，其中也包括別人蒐集的，還得排除其他核心風險的影響，才能斷定已經把時程錯誤的影響獨立出來了。意外因素的隔離也不容小覷——我們不敢說做得十分完美——但以下的不確定性圖是盡力評估出來的結果。一般而言，它可勉強說明時程規劃不當與時程偏差程度之間的關係（見下頁圖）。

　　如圖所示，雖然我們對貴公司或貴專案一無所知，但我們敢打賭，你對專案規模的預估值——不論是直接計算或受上級命令的影響——最後逾期的程度至少是 30% 以上，因為，圖中機率為 0.5 那條水平線與曲線相交之後，得到的是一個大於 1.3 的時間加乘因子（time-multiplication factor）。

　　照數據看來，情況恐怕比想像的還糟，有太多公司在衡量專案規模方面根本不做功課，而是用倒推式排程法（backward scheduling）或純粹一廂情願，於是整個業界的水準就這樣被拉下來了。雖然整個業界確實不比上面這張圖好到哪裏去，但還是有公司很認真地評估專案規模，時程錯誤對他們的衝擊可減少到 15% 以下。蒐集少數專案資料，看看它們規模低估的程度，便可知道在未來專案中該預留多少

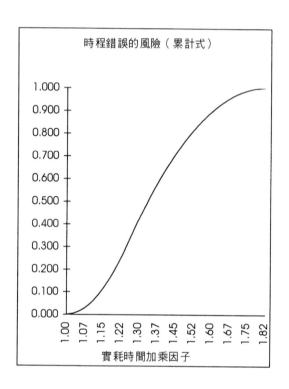

時間。不妨製作一張左右對稱的風險圖，把正中央放在逾期機率為零之處，使提前和落後的可能性相等（只單獨考量這一個核心風險）。

　　我們的資料是來自於功能點少於三千的小型專案，似乎大一點的案子情況會稍微好些，或許是因為它們比較不會忽略規模評估，況且，大案子（要做比較久的）改變規模的機會也比較多。

　　之前曾經提過，大部分的核心風險都跟團隊績效低落無關，時程錯誤也一樣，但如果不是這樣，請確定這不是因為管理階層表現不佳。真正表現不佳的，可能是提出或承諾錯誤時程的管理者。重點是，當專案逾期時，即使有可能是開發人員表現不好，但原因絕不僅止於此，這支團隊的表現說不定正處在巔峰狀態，除了管理者之外。

核心風險 #2：需求膨脹

　　開發軟體多半是為了滿足某些人的事業領域（business domain），可以確定的是，在開發過程中，該領域並不會一直維持不變，它改變的速度取決於市場狀況，以及自身的創新速度。假如在 1 月的時候，他要你做出 X，這看來要花十個月，但十個月後，X 卻不再是他要的了，他要 X ＋。最後要的跟開始不同，原因就出在這段期間內，該領域已經產生某些變化。

　　從專案的角度，這種變化大多是膨脹變多，就算要刪掉某些已做好的東西，也都算是一種膨脹，因為這同樣增加了額外工作負擔。

　　那麼多少膨脹是合理的預期呢？如果你認同上述說法，就知道零不是一個好答案。但我們在安排時程時，就是會把它當成零，類似的說詞就是：

　　假如你要 X，我們就可以在十個月後交付；若你發現還要 X 以外的東西，那就是你自己的問題了。

　　但這是不行的，每個人都要想辦法命中移動的目標。今天，利害關係人說要什麼，就規劃未來剛好交付什麼，這就像把橄欖球拋給不會動的隊友一樣。

　　比較好的推論是：「你要 X，但根據經驗，我們料你後續還是會變更某些需求，於是你最後要的就不盡然是 X，所以，我們在規劃開發 X 時，會預留某些因應變化的空間。」

　　但該預留多少呢？在 1990 年代中期，美國國防部（DoD）曾提出某些數量目標，用來認定一個運作良好的專案該有的行為。經過量

化分析，發現每個月合理的需求變更應小於1%，所以，若專案最初認定要做兩萬功能點，兩年後，應可期望做出約兩萬五千功能點的軟體（20000 ×［ 1.00 ＋ 24 × 1% ］）。實際交付的規模也許是介於兩萬到兩萬五之間，因為某些改變會導致拋棄之前的成果。

要把國防部的經驗應用到專案裏，可能會有些困難，因為國防部做的都是大案子，以合約承包出去，有時還會再轉包幾手，相對於商用產品，這種案子的期程比較長。更何況，國防部的估計式是用規模本身來表示，而不是用改變規模造成的時間影響來表示。

根據我們自己的資料——以一到兩年、十人以下的案子居多——針對因修改需求而對時程造成的影響，得到以下結果：

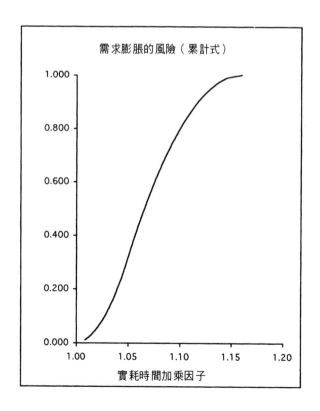

　　這項風險對貴公司造成的衝擊程度也許跟上圖不同，當然，如果能換成你自己的資料更好（請參考下一節有關替換的提示），若沒有資料，不妨用 RISKOLOGY 提供的，把它當作一個起點。可以確定的是，好好去猜，也比期望什麼都不會變要好。

核心風險 #3：人力流失

　　人有時會在專案做到一半時離開，但在預估時，這種事往往不被考量；若要考量，則勢必要預留一些餘地來抑制這項風險。但要預留多少呢？下圖是用我們的資料求得的：

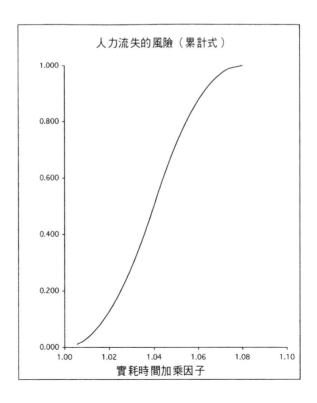

　　這張圖顯示人員離職對一到兩年的案子造成的影響，以業界平均流動率來計算。

　　關於這項風險，你很可能擁有相當不錯的內部資料，所以，應該把風險表換成你自己的，替換指令已在 RISKOLOGY 網站備妥。欲完成替換，你必須知道：

- 公司技術人員的年平均流動率。
- 接替人員完全進入狀況時間（ramp-up time）的最佳估計值。

　　所謂完全進入狀況時間，係指一般新雇人員的工作表現開始達到離職人員工作水準所需的時間，單位是月。至於它的值，若在一般公司內部的 IT 工作室，也許只需兩個月，若在從事深奧工程應用的公司，則可能長達二十四個月，顯然，它取決於工作領域的複雜程度，以及新雇人員對業務的陌生程度（以一般新雇人員擁有的經驗基礎來算）。

　　很難為完全進入狀況時間求得一個很合理的評估結果，不過，任何經過深思熟慮得到的答案都比零要強，過去，零一直都被你當成專案管理的假設……現在終於改觀。

核心風險 #4：規格崩潰

　　第四個核心風險是規格崩潰。跟其他核心風險相比，它顯得非常與眾不同，它的效果不是連續性的，而是突然爆發，造成的影響也是兩極化（換言之，要麼發生，要麼不發生，不會在這之間有什麼緩衝），而且，一旦發生，幾乎是致命的一擊，它不會拖延專案──而

是直接讓專案完蛋。

　　規格崩潰往往溯及專案初期談判過程的失敗，而談判正是需求界定的重心。你或許認為這個問題很容易突顯，所以擺平它應該不難——到底要開發什麼產品，既然各路人馬無法達成共識，乾脆趁早取消這個案子，拍拍屁股回家，這也沒多大損失。

　　很不幸，事情往往不是這樣。一般人都傾向於促成這個案子，傾向於能合作成功，所以，如果有什麼會讓彼此談不攏的嚴重衝突，往往都是先掩飾起來，於是，專案就在含著缺陷、模糊的目標下前進。有些事其實大家心裏並不痛快，但此時此刻，各路人馬至少都能和平相處。

　　假設諸位利害關係人的衝突就出在某些關鍵資料的控制方式，規格便很有技巧地避免提到這些資料要存放在何處、更改需要經過什麼許可、用什麼稽核機制來追蹤、是否需要備份、是否要透過特定的處理方式來變更、何時或如何才能將之視為無效資料……等等。任誰都會對這份規格發出抱怨，因為寫得真是不清不楚，但這麼做也有好處，比較不會明顯遭到他人拒絕，於是專案就這樣進入了（或看起來像是進入了）設計和實作階段。

　　被掩飾的問題暫時消失不見了，但它不會永遠消失不見。界定規格時，也許可以搞得模模糊糊，但開發產品時，就絕對模糊不起來。到頭來還是得面對問題，於是衝突再度燃起。最糟的，是到專案後期才發生，那時，大部分、或全部的預算和時間都花光了，走到這個地步就搖搖欲墜了，任何一方收手不幹，很快就會取消專案，甚至等不到有人坦承真正的毛病是出在缺乏共識，專案就先壽終正寢了。

　　規格崩潰也會以其他方式呈現，管理大師Peter Keen 提出的阻撓

實作（counter-implementation）便是其中之一：那些感到不爽的利害
關係人一再要求加入越來越多的功能，想操死這些做專案的人。[1] 專
案原本做功能 A 到 F 就夠了，但支持專案的諸公們顯然瘋了，竟要求
再做出 G 到 Z，加這麼多功能，根本不敷成本，也甭想還有什麼賺
頭。這種「功能海」（piling on）一般都發生在分析階段後期，結果就
是，你想敲定規格，門都沒有。

　　在我們的資料庫中，大概有七分之一的專案還沒交出任何東西就
被取消了。有關專案取消的比例，還有其他研究學者提出不同的預估
值，大多是介於 10% ～ 15% 之間。我們以中間值來當作這項風險的
固定值，為了簡化，也假設規格崩潰是導致專案取消的唯一因素。
（你也許在別處會發現專案被取消的原因並非出在利害關係人之間的
衝突上，但是，請確定真相，台面上的原因很可能掩飾了缺乏溝通的
事實。）

　　對待這項核心風險的方式也有點獨特。我們建議，新專案一開始
就拉起面臨取消的警報，直到規格敲定才解除。

　　為了避免模糊不清掩蓋了背後的意見不合，我們定義規格敲定
（specification closure）就是各路人馬都簽署了產品對外輸出入的資料
規格，而且資料流必須律定到資料元素（data element）層級。注意，
這份認可僅止於資料，跟利用資料做出什麼功能、或產生資料需要什
麼功能，都沒有關係。也許資料流的認可只是眾多有待協調的事項之
一，但卻是非常關鍵的部分，跟描述功能相比，想把資料描述得模稜

1　Peter G. W. Keen, "Information Systems and Organizational Change," *Communications of the ACM*, Vol. 24, No. 1 (January 1981), pp. 24-33.

兩可比較難，所以，這份規格簽署後才放得下心，對於是否已達成共識，這是蠻不錯的指標。簽署後，面臨取消的警報就可解除了。

　　以下的做法並不周延，希望不致引起太多爭論。我們把造成專案取消的其他原因都忽略掉，並根據這樣的假設來設定 RISKOLOGY 模擬器，它會強迫你正視專案取消的可能性，直到上述的簽署里程碑完成為止 —— 之後，被取消的機率才會顯示成零。專案取消原本就非常微妙，但以上的處理卻很粗略，判定方法也只根據一個事實，亦即所有被取消的專案中，有很高的比例從來都不重視認可的必要性，也不管是否通過了這項里程碑。

核心風險 #5：績效低落

　　文獻中有相當多證據顯示，不同開發人員的工作表現好壞差異相當大，但在團隊裏，個人因素或多或少都會被中和掉，所以專案團隊之間的好壞差異就沒那麼大了，更何況，有些個人表現差異還是由上述某個核心風險造成的。在摘除掉其他風險、以及團隊中個人因素的影響之後，我們得到團隊表現對專案的影響情形（請看下頁圖）。

　　在工作表現方面，時間加乘因子看來非常平衡：基本上，遭遇好、壞的機率相同。

　　在非常小的團隊，使用這份資料會有危險，因為個人差異的影響可能無法忽略，尤其是一人團隊。

　　對於工作表現好／壞這類平衡型風險，只是讓開發過程多了一項干擾因素罷了，不確定範圍會因此擴大，但無論好壞，平均期望值不會變。

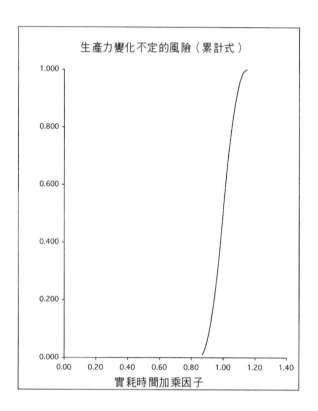

核心風險的綜合影響

　　模擬器會先要求輸入一些專案參數，並允許你替換某些核心風險資料，然後開始跑。到底專案會做多久，答案的輪廓會隨模擬次數的增加逐漸浮現，最後得到的是模擬五百次的結果，每一個模擬出來的完成日期都會按不同範圍歸類。若專案（例如Amalfi）的 N 點是在第 26 個月，以RISKOLOGY 預設的資料模擬，結果就跟第 12 章結尾那張圖一樣：

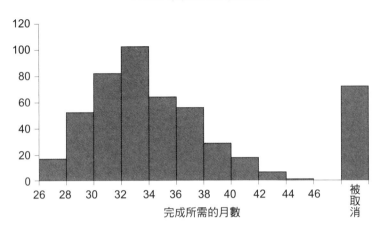

Amalfi 專案的模擬（500 次）

假如這是你的專案，不妨這麼解釋：在第26～27個月之間，交付的可能性會有那麼一丁點，但最可能的日期是在第32～34個月之間，若要有75%的把握，就必須有做到第38個月的準備。另外，本案大約有15%的機率會以取消收場，就專案被取消的風險來說，這在專案第一天是很合理的估計值，若過了前六個月，說不定會有更精確的估計，或許就可以解除了。

把核心風險當作風險管理是否完備的指標

核心風險也可用來檢驗風險管理是否上了軌道，比如說，若把五個核心風險都展現出來了，就算用的資料跟我們不同，也許還可理直氣壯地聲稱做了風險管理，而且做得很紮實。反之，沒有明確考量這五個核心風險，就說有做風險管理，我們不會看好這種說詞。

14

風險探索的明確過程

不僅要擔心核心風險，專案也會面臨其他獨特風險，這些都要納入風險體系才行。例如，某個關鍵合作對象不再合作，專案就會很慘；某個重要使用者突然另有打算，不再對你忠誠；某個銷售商若不履行承諾，你就會死得很難看。

　　一旦辨識並量化這些風險，隨後的管理方式並無不同，不過，要把它們拉上檯面恐怕不容易。對於真正讓人擔心的風險，我們的組織文化有時連談都不讓人談，跟原始土人一樣，呼喚惡魔的名字就是禁忌，以為這樣就可以困住惡魔。

　　閉口不談風險，也不會讓風險消失不見。例如，不會做邊界值檢查（boundary checking）的編譯器就是一個風險，因為這可能會影響太空船發射，但 Ariane 5 專案[1] 的成員們卻說不出口，最後果真出事了，發射徹底失敗。

　　在日常生活中，最起碼的風險探索就像聽到某某人說：「你可知

1　Ariane 5 是歐洲太空總署（European Space Agency）發射的衛星，於1996 年爆炸，原因是出在一個軟體錯誤。

道，假如〈某某事物〉發生，我們就完蛋了……」通常，說這話的人當時都知道風險所在，甚至私底下都已經把整個狀況評估過了，例如：「一旦苗頭不對，眼看〈某某事物〉就要發生時，我最好趕快把履歷表整理好。」當專案的風險管理只出現在一個人的腦袋裏，只用來擔心個人的後路，便意味著組織溝通不良，特別是可能有某些抑制因素（disincentive）存在，阻礙了重要訊息的流通。

指出抑制因素

我們不妨透過一個真實事件來思考抑制因素：1986 年 1 月 28 日清晨，挑戰者號（Challenger）太空梭爆炸了，生命、財產、政府威信都遭受嚴重損失。事後調查發現，由於天氣突然變冷，使第一節火箭所有的零組件都處在規定溫度範圍之外，該系統必須在冰點以上才能正常運作，顯然當時的氣溫更低，因此影響了發射。參與這次發射的工作人員中，沒人想到是 O 形環（O-ring）的問題，但他們大部分都知道，這系統的組件對溫度非常敏感，在冰點以下並不可靠。他們為什麼不敢說呢？

箭頭一致指向組織不准大家談論風險，甚至變成一種不成文規定，而成為組織文化的一環：

1.　不可以成為負面思考者（negative thinker）。
2.　不可以提出問題，除非你有解決辦法。
3.　不可以有問題，除非你能證明有問題。
4.　不可以搗亂。

5.　不可以對問題發表看法，除非你願意負起立即解決的責任。

　　健全的文化會非常地重視「團隊」的概念，被視為「團隊的一份子」是非常重要的，反之則是很嚴重的事。雖然談論風險不該被當作是「唱反調」，但往往被如此看待。這些不成文規定根本沒有識人之明，分不清什麼是負責任的諍言、什麼才是滿腹牢騷，這種規定也從未公開討論過，於是，即使環境變化頻仍也不見調整。

　　在工作上，我們都被要求保有辦得到（can-do）的態度，問題就出在這兒——談論風險是一種辦不到（can't do）的思維，風險探索更悖離了組織的主流意見。

　　由於這樣的抑制因素威力強大，我們需要一個開放、固定、能被諒解的程序，好讓負面言論有說出來的可能，我們也需要正式的儀式、管道，好讓大家全心全意投入又不會感到不安，這種儀式的本質就是一些暫時性規則——至少此時此刻——允許暫時違背一下不成文規定。假如老闆公開點名請你「擔任這方面的魔鬼代言人」，特別恩准就算辦不到也不會降罪，你才敢放手進行負面思考，想想「萬一如何便該如何」這類問題。為了營造這種態勢，我們提出風險探索的明確過程（defined process）。

［譯註］
「明確過程」是有明確步驟、可預測的程序，相當於白箱（white box）。至於「經驗過程」（empirical process）則相當於黑箱（black box），係經過不斷的觀察和驗證後，以經驗來調整輸入，從而產生滿意的輸出。

明確過程

本過程以倒推的三個步驟來辨識風險：

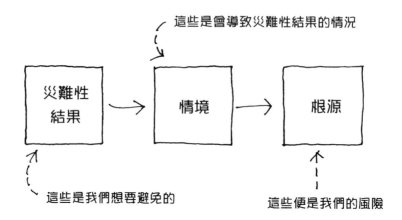

當災難發生時，是從原因開始，隨後發生一些狀況，最後釀成結果，但以這種時序思考會嚇死人，倒回去想則比較沒那麼可怕。先專注在可能發生的悲慘結局，不管原因，但即使如此，一般人要把害怕表達出來還是不太容易：

TRL ：去年，我接受膝蓋骨關節鏡手術（arthroscopic knee surgery），要完全麻醉。手術前一晚，太太問我擔不擔心，我很快地回答不擔心，這種手術已經進行過千百次，一點問題也沒有。一會兒，我承認我還是有一點害怕，怕醫生會不會開錯膝蓋。太太說，提醒醫生一下不就得了。隔天一早，我準備好去開刀，太太陪著我。醫生先講解開刀後要注意的事項，這時，太太朝我這裏聳了聳眉毛，結果，我什麼也沒說。正當醫生要出去準備開刀時，他拿起一枝麥克筆，在我大腿上寫

了一個大大的「YES」，位置就在那隻要開刀的膝蓋上。我太
太笑了出來，我們大家都笑了出來。

風險探索儀式必須讓人很放心地分享恐懼。假如在手術前，醫生
就直接了當地問 Tim 最擔心什麼，這種事就不必窩在心裏那麼久了。
過程中，必須請每一位參與者分享最害怕的事，有時，一些沒來由的
害怕想講又不敢講（就像上面的 Tim 一樣），這個做法可以幫助他們。

接下來就要推論災難是怎麼發生的。技巧在於讓這三個步驟有一
點點單調、公式化，不要帶有任何責問的成分。「這就是我的惡夢；
這種情況會帶來這個惡夢；而可能引發這種情況的事情就是……」
瞧！這不就辨識出一個風險了嗎？

為了解開不成文規定的魔咒，必須把風險探索程序寫下來，事先
發給大家。如果沒有一份良好、正式文件的庇護，恐怕沒人會理你，
也不用指望他們會自動停止不成文規定的效力。

風險探索程序並非只在專案初期做一次就夠了，必須有某些規
範，使它持續成為專案審查的一部分。每次召開風險探索會議時，都
必須正式聲明即將遵循的步驟和方法，以有效壓制不成文規定的影
響。

通常這三個步驟都是在同一次會議中一起討論，不過，每個步驟
的技巧都不一樣，值得個別探討。

步驟 1：災難腦力激盪

腦力激盪是用來進行集體創作的技巧，藉由團體互動來尋求方

法，旨在避開傳統思考方式，激發新奇的構想。災難腦力激盪略有不同，但大部分的技巧都跟典型的腦力激盪一樣，若想了解細節，請見書末「參考資料」腦力激盪那一節。

　　開會時，難免會遇到發言中斷或冷場，腦力激盪用一些撇步（ploy）來克服這些情況，這類撇步從「參考資料」中大概可以找到十來個，都有助於刺激大家想到可能的災難項目。災難腦力激盪的獨特撇步如下：

1. **以惡夢的形式把問題明確描述出來**：不知何故，這也有「鎮住」不成文規定的效果。不論組織文化的思維有多正面，還是可以談談夜晚驚醒的經驗，問問大家，這個案子他們怕什麼？每次一覺醒來都是一身冷汗，他們擔心什麼？

2. **運用預言**：假如你有一顆預知未來的水晶球，或能預見明年報紙的頭條，看完掐指一算，便可鐵口直斷專案即將有難，但這是個什麼難呢？或假定專案徹底失敗，使公司榮登《華爾街日報》（*The Wall Street Journal*）白癡專欄（在頭版正中央），現在問：「怎麼會這樣？」

3. **切換眼前的景象**：請大家說說這個案子的美好夢想，然後討論與這些夢想完全相反的情況。

4. **談談不必追究責任的災難**：如果大家都沒有錯，專案是怎麼完蛋的？

5. **談談值得追究責任的失敗**：問問大家，「專案怎會如此悲慘？是我們的錯嗎？是使用者的錯嗎？是管理上的錯嗎？是你的錯嗎？」（當確定大家都進入狀況後才有效。）

6.　想像一下部分失敗的情況：問問有什麼情況會造成專案大致成
　　功，但某個利害關係人不滿意或很生氣。

　　腦力激盪在進行時，又快又激烈，為了捕捉所有的意見，必須事
先做好準備，主持人不該負責記錄。

步驟 2：情境建立

　　現在，把捕捉到的災難一個個倒推回去，想想是哪些情況造成
的。情境的想像應該很公式化，但大家還是會擔心被罵——所以預料
會有一點緊張。同樣，捕捉情境必須經過精心設計並預先準備，當氣
氛突然大為緊張時，才不致錯失最需要關注的議題。

　　很值得為各個情境附上一個機率，暫時性的也好。顯然，越不可
能發生的，重要性就越低，因為這表示越不值得深入探究；但請留
意，可能性很低的情境，既然有人提出，就表示至少對他而言並不是
小事。

　　與其在現場進行機率分析，不妨在會後找幾個人來做，便可參考
更多實務經驗，以判斷某個情境是否真的值得為它擔心。

步驟 3：根源分析

　　有了情境，大夥兒就可以開始找出潛在根源了。這時情境還沒成
真，所以進行起來不會太難。當情境還停留在抽象階段——只是有可
能發生的蠢事——便可在不需追究責任的情況下推測原因：「好吧！

我無法想像這種事會發生，除非哪個白癡唬弄了大家，滅火滅到別的地方。」這種話很容易說出口——哪怕這種白癡就在旁邊——只要這一切是在災難真正發生之前。

　　對這些可能通往災難的情境，找出根源，便是風險了。

　　根源分析知易行難，不只受到不成文規定的影響，更因為「尋根」（rootness）的複雜概念（要尋多深才叫根？），與其叫大家分頭去想，不如聚在一起討論。若想了解引導根源分析會議的實用技巧，請看「參考資料」根源分析那一節。

雙贏的選擇

　　Barry Boehm 的「雙贏螺旋程序模型」（WinWin Spiral Process Model）融合了許多非凡的研究成果（請參閱「參考資料」或 RISKOLOGY 網站），它結合了：

- 螺旋開發生命週期（spiral development life cycle）
- 量測指標（特別是 COCOMO II）
- 風險管理
- 團體互動的「W 理論」

　　對於 IT 專案中經常困擾大家的問題，他這一帖良方提供了明智的解法。

　　很值得去了解 Boehm 在這方面的獨特貢獻，不過這已超出本書範圍。之所以提雙贏模型，是為了引用雙贏模型的一個次要觀點，這對風險探索很有啟發作用。

　　在雙贏模型，專案要開誠佈公地邀請所有利害關係人，就自身的觀點來思考專案成功的贏取條件（win condition）。這套方法中，需求被定義成一組贏取條件；除非被某人確認是贏取條件，否則不會被納入需求當中。有時，這些條件可能會彼此衝突，尤其當利害關係人較多的時候。某一方的贏取條件對另一方可能是窒礙難行或辦不到，這時，造成衝突或對立的贏取條件就是風險。

　　對於以往用其他方法都找不出來的風險，也許可以用 Boehm 的技巧把它找出來。有太多讓 IT 專案遭殃的風險都直接肇因於贏取條件的衝突，而這種雙贏的風險探索方法直指問題的核心，就算專案沒有正式、全面尋訪各路人馬的贏取條件，你自己也可以做某些雙贏思考，使之成為風險探索的一部分，當成撇步之一。問問參與者：「你能想到這個案子有什麼贏取條件是不容於某某人的嗎？」辨識出來的每個衝突，就是一個潛在風險。

15

風險管理的動態追蹤

我們一直強調，風險管理是一項持續進行的活動，不過，你可能還是覺得只有在專案初期才需要做，之後（除了偶爾說說場面話之外）就可以把它擺在一旁，下一個專案再說。

全能的先知也許可用這種方式進行風險管理，但我們不是。我們總是在專案中期就不再理會風險管理，但那時往往是專案進行不順利、正需要風險管理的時候。問題根源幾乎老早就浮現了，但到專案中期才感覺不對勁：早期進行得似乎頗為順利，但此時此刻卻是狀況百出。或許可以把這個階段稱為「報應期」（comeuppance）：報應之前犯下的罪孽，包括不良的規劃、故意忽略的工作、不成熟的關係、隱藏的假設、過於依賴運氣……等等。

本章將把風險管理的角色圍繞在報應期，直到專案結束。

從報應期開始的風險管理

以下是一份簡短的風險管理活動列表，這些活動不僅專案中期要做，一直持續到專案結束前都要做：

163

1.　持續監控蛻變指標，緊盯著風險列表上的任何東西，原來只是「可能發生的麻煩」，注意是不是就要變成「真實問題」了。

2.　持續進行風險探索。

3.　蒐集資料，充實風險庫（把過去問題的衝擊予以量化，建成資料庫）。

4.　每天持續追蹤完工量測指標（參見下文）。

　　第 1、2 項分別在第 9、14 章談過了，不再多說。第 3、4 項則必須搭配量測指標：專案規模、範圍、複雜度和狀態的量化指標，這便是本章和下一章的主題。

完工量測指標

　　我們以完工量測指標（closure metric）來稱呼一類很特別的狀態量測指標，它用來表示專案的完成度。專案剛起步時，完美的完工量測指標（如果完美存在的話）堅定地告訴你完成度為 0%，專案結束時，完成度為 100%，至於這段期間，則提供一個 0 到 100 之間單調遞增（monotonically increasing）的值。理想狀況下，從專案的事後分析就可知道，完美的完工量測指標就相當於一個簡單俐落的預報器，告訴你專案各階段還剩下多少時間和工作量。

　　很遺憾，完美並不存在。不過，還是有一些不算完美、但很實用的指標，我們提出兩個：

- 邊界元素敲定（boundary elements closure）
- 實獲率（earned value running, EVR）

這兩個指標，使我們得以監控第 13 章的五個核心風險。前者專門對付規格崩潰，後者則屬於通用型的進度指標，用來追蹤另外四個核心風險。

邊界元素敲定

所謂系統，就是把許多輸入轉換成許多輸出的東西，如下圖：

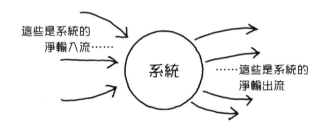

這是比較廣義的說法。不論政府機關、會計事務所、IT 系統、人體的肝臟或脾臟……基本上，只要你喜歡，都可稱之為「一個系統」。

IT 系統獨特的地方在於：轉換的輸入、輸出都是資料。傳統上，若要為 IT 系統訂出規格，焦點幾乎都集中在輸出入的轉換規則、政策和方法，至於淨資料流（net flow）本身，卻經常被遺漏，缺乏嚴謹詳盡的描述。之所以會遺漏，原因出在某些情非得已的因素：定義資料流似乎是一項設計工作，應該要留給後面的程式設計師來做，而且這種事很花時間。如果專案註定會成功，延後這項工作非常合理，但有些運氣不怎麼好的專案，淨資料流的定義就從來沒完成過，因為這會把某些利害關係人的衝突攤出來。鑑於這些失敗教訓，促使我們

將淨資料流定義的工作往前推，使之成為專案初期就該完成的事，目的在於寧可盡早面對衝突，也不要埋下禍根，遺害後期。

這個做法，淨資料流會被定義，但不會被設計，意思是，要向下分解到資料元素（data element）層級，但還不至於設計成封包，早點做，就是為了讓各路人馬完成簽署。在大部分專案中，這份簽署在時程前15%內就可以拿到，若拿不到，就是一個很明顯的指標，若非利害關係人之間有衝突存在（對該系統無法取得共識），便是嚴重錯估了時程。簽署不成對這兩種情形而言都是明顯的風險，而且是很關鍵的風險。在邊界元素敲定之前，做其他事情都沒有意義，實在敲不定，除了取消，沒有更好的選擇。

實獲率（初步介紹）

實獲率（EVR）是專案完成度的量測指標，目的在於告訴你走了多遠，範圍在0% ～ 100% 之間。

由於 EVR 與漸進式開發有密切關係，所以我們打算到下一章討論漸進法（incrementalism）時，再為它做詳細的定義。本章只說明 EVR 的基本用途，以及它與漸進式版本計畫的關係。

假設把系統攤開來，看到上百個零件：

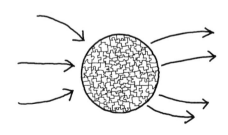

　　若純粹以「大爆炸」（big bang）的方式來建構（一次開發出所有小零件、整合在一起、全部測試完畢、沒問題後一次交付），那麼唯一的完工量測指標就是最後的總驗收測試（acceptance test），換成時間函數，完成度可以表示成：

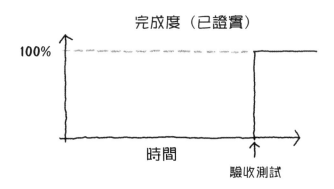

　　這張圖證明完成度一直到後期都還是 0％，然後突然變成 100％，在此之前，任何有關進度的說法（譬如，在某個時間點完成了 50％）都毫無根據。

　　EVR 就是要用來證明專案已有部分完成，有時還讓你畫出（並相信）一張像這樣的圖：

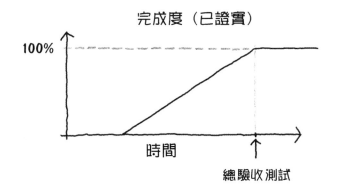

　　雖然初期仍有一段時間只能靠口頭承諾來支持專案的進度，但早在進行到一半之前，應該就可以得到一些可靠的EVR，證實已有部分完成。

　　EVR取決於漸進開發系統的能力，亦即透過實作一組組挑選過的系統零件，稱為版本（version），例如，版本1也許就像：

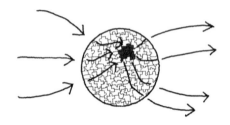

　　圖中，淨輸入流和淨輸出流已跟產品中的一小部分連結起來了（盡你所能地），當然，功能還無法跟全系統相比，但總有些事它辦得到──而且可被測試，於是你便著手進行版本1的驗收測試，當測試通過時，便宣告這部分已經完成。

　　版本2再加入一些功能：

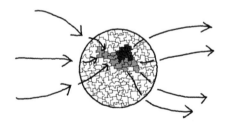

　　同樣，它也有自己的驗收測試，當測試通過時，便宣告完成這麼多了。

　　但是，每次宣告完成「這麼多」是多少呢？答案很簡單，就是EVR，亦即可運作部分的「實獲值」（earned value），它是透過完成

度的展現，證實總預算中目前已確定「獲得」的部分。（有關計算
EVR 的細節，請參考第 16 章。）

　　若把實作切分成十個版本，便可預先計算每個版本的 EVR ，整
理成一張表：

版本	佔總 EVR 百分比
1	11%
2	19%
3	28%
4	38%
5	51%
6	60%
7	72%
8	81%
9	94%
10	100%

　　現在，從V1 通過版本驗收測試（VAT1 ）的時間點開始，不妨繪
出一條曲線，表示後續每次 VAT 的預定日期。隨著測試通過，便可追
蹤 EVR 預期值與實際值的差異，就像這樣：

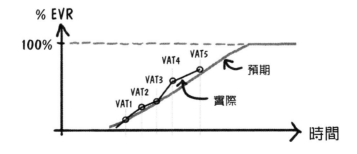

　　只要有任何核心風險出現（或任何主要風險），勢必大幅延緩各版本的實際完成日期，使得遠比預定日期落後。

　　雖然上例明顯是捏造的，但在為這張實際 vs. 預期的圖選擇數據和形狀時，我們希望盡量讓你感受到最真實的情況。

16

漸進式風險紓緩

風險紓緩是預先採取的一套作為,萬一風險成形,便可有效地(快速地、便宜地)處理風險。

為了對付後續可能出現的風險,所有紓緩措施都必須在當下耗費成本和時間,這使美好的景象看起來不再那麼美好,因為若風險沒成形,這些付出似乎就浪費了。

不妨分析一下紓緩策略的投資收益比(bang-per-buck):投資,就是紓緩本身耗費的成本和時間;收益,則是當風險發生時所能減少的成本和時間。這是某種加權評估(weighted assessment)。據了解,擁有最佳投資收益比的風險紓緩策略就是漸進式交付。

漸進式交付

漸進式交付係參照全部、或將近全部設計的進展狀況,一小部分、一小部分地實作,每個後續完成的部分都會併入先前完成的部分。早在建構第一次交付成果之前,就可先通盤思考漸進交付策略(事實上也該這麼做),並將之描述在漸進交付計畫中(參見下文)。

已經有許多文獻提到過漸進式交付的種種好處，其中也包括我們的看法（見「參考資料」），此外，還有一些其他理由可以說明，為什麼漸進法（incrementalsim）特別符合風險管理者的需要：

- 它可證實專案計畫的假設是對是錯。
- 它迫使你為系統組件進行優先順序排定。
- 它可讓交付出去的部分產品得到最大報酬（特別是當專案耗光了所有的時間和／或金錢時）。
- 它可反映真實的開發效率。
- 就算不得已取消專案，相對上，它讓你比較不那麼難過。

還有一個附帶好處是，它使 EVR 的蒐集更為容易，為進度提出了具體保證。

被動漸進法（不好的做法）

漸進式交付是雙贏方案，幾乎所有專案都採用，至少口頭上都是這麼說的。但令人遺憾，大部分專案的做法通常都是被動的，於是得到的好處便很有限。

被動漸進法就像這樣：專案經理手一揮，草率地同意漸進式交付，但每次該交些什麼，卻丟給程式設計師決定，也有版本──同樣是逐步擴充──但對優先順序則完全不經過管理上的判斷，也沒公佈任何漸進交付計畫，版本選擇只圖實作人員方便：「嘿！這三個不知叫什麼玩意兒的老在一塊，所以把它們湊成一伙，叫版本 1 。」儘管分很多版本，卻沒有一個交付給使用者，實作人員總有一堆理由不公

開這些版本——最重要的，就是他們選擇的版本往往對使用者沒有任何意義。

當專案的時間耗光了，情況變了，這時，管理階層宣佈當初承諾的那天並不會交付整個系統，改為階段交付。階段一，產品將如原訂日期交付，但全系統則必須等到階段四或階段九，或不知什麼時候，也許拖上幾個月、幾年。這項宣告意在減少一些落後的痛苦，因為在原訂交付那天，起碼還能交出一點東西。但那是個什麼東西？

由於勢必延誤的情況往往要到原訂時程的後期才會浮現，因此，若採取這種被動漸進法，可以確定，很晚才會去思考第一次的交付內容，那時再問：「我們階段一要交出什麼東西呢？」已變成有點無聊的問題，因為唯一可能的回答就是：「既然交付日期已近，階段一只能交出現在能跑的東西。」

這種被動做法完全得不到漸進式的好處。

主動漸進法

主動的做法需要非常審慎的規劃，對未來的進展狀況，都預先想好踏出去的每一步。想要從整個系統中挑出提早交付的部分，所根據的標準有兩個：

- 交付給利害關係人的價值（value）
- 風險假設（risk hypotheses）的證實

這迫使你要為系統組件進行優先順序排定。

為所有功能和特色排定順序，可去除兩個很糟糕的弊病：第一，

就是假設產品的每個部分都一樣重要，這種謊言充斥於許多專案，原因是有些利害關係人會要求加入他們喜歡的花俏功能，並以之做為合作的代價；功能統統重要，大家就不用再面對這些利害關係人。第二，也是謊言，就是功能海（piling on），加入越多功能是為了讓專案負荷過重，故意讓它失敗，對一開始就反對專案的人來說，這是很受歡迎的策略，他們發現，與其當一名反對者，不如把自己塑造成一位狂熱的擁護者。

　　排定優先順序揭穿了價值均一的謬誤，並有助於進行漸進式成本報酬分析，判斷哪些該納入早期版本，哪些該納入後期版本。

　　注意，對利害關係人的價值並不是提早交付的唯一標準，有風險認知的管理者都會優先考量含有重大技術風險的部分，這非常合理，不過也有違大部分管理者的本性，因為會太早暴露他們在這場競賽中的最大弱點，這就是為什麼對如此棘手的事情，他們總是寧可祕而不宣、一拖再拖。

TDM ：身為橋牌新手的我，觀望一位同好朋友玩牌，我很驚訝看他引了一張非常小的牌，因為他其實滿手多的是大牌和王牌。後來我就問，為什麼要這樣出牌，他說：「Tom，小牌都要先打掉，沒錯，我可以輕易拿到前六到八磴，但然後呢？如果王牌都打完，我輸了一磴，控制權就被對方搶走了，他可隨自己高興引他喜歡的花色，於是我只好墊牌，最後，我剩下的好牌可能就這樣墊光了。」

　　用在專案也一樣，要先把小牌打掉，當這麼做時，就等於讓情勢自然發展，放棄控制權（難就難在要克服這點）。但早點做，就保留

了再搶回控制權的實力。

　　如果系統有哪個部分必須仰賴技術上的突破才能完成，就該把它納入早期版本，到時就算突破不了，應變選擇也會擁有最大彈性，假如夠早，也許私下承受一點損失即可，反之，若把相同的挫折放到專案後期，影響層面將會擴大到每一個人。

無法漸進交付的情況

　　有些專案無法採用漸進交付（例如，太空火箭發射專案），或這麼做反而不明智。還有一派人認為，若在早期版本的細瑣功能上跟利害關係人多費唇舌，可能會把專案其餘的部分弄得亂七八糟的。最後，有的專案也許可以交付某些版本，但並非全部。不管是哪種情形，假如已經為最終使用者規劃好每一個交付版本的話，我們都建議你盡可能把漸進式實作（incremental implementation）落實下去，根據使用者的實際價值和技術風險來分配各版本的功能，這仍然是很合理的做法。在這種局勢下進行優先順序排定，便表示就算專案被取消了，你也可以說，除此之外，沒有其他方法能在取消前帶給使用者更多價值了。

　　我們的同事 Tom Gilb 對這種事抱持一個極端看法：「這彷彿就是連身為專案經理的我，都要到最後一刻才知道最後期限，我唯一事先得到的指示就是『隨時準備在某天早上收拾好做完的東西，當天下班前交付』。當然，這迫使我建立非常多的版本（於是相對上，前後版本之間的時間差距會很小），還得確定所有做完的東西都已納入先前的版本。」[1]

漸進交付計畫

漸進交付計畫係由三項專案產物（artifact）所構成：

- 設計藍圖（design blueprint）：顯示要實作的最低階模組或類別，以及彼此之間的交互關係。

- 工作分解結構（work breakdown structure, WBS）：顯示要完成的工作，以及彼此之間的相依關係。

- 一組版本驗收測試（version acceptance test, VAT）：把產品的總驗收測試按版本細分，顯示哪個測試可用在哪個中間產品上。

設計藍圖一般都表示成模組或類別階層：

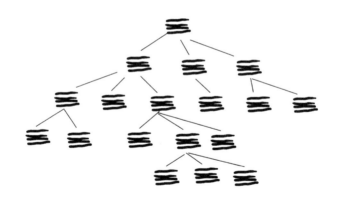

（為了避免偏袒任何設計表示法，圖中已將藍圖抽象化。）

每個版本或增量（increment）都可用設計藍圖的一個子集（subset）來描繪，由於每次增量都包含之前的增量，這些子集會把整個設計切分成像洋蔥皮一樣。

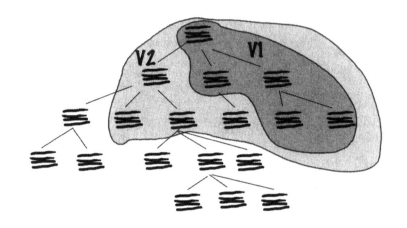

圖中，版本1和版本2（接下來的版本也一樣）會被後續更大的洋蔥皮包起來。

在工作分解結構中，大部分工作都可對應到一個、也是唯一的版本，雖然仍有某些工作會跨不同版本，不過多半都會按照版本來區分。哪個工作該歸屬哪個版本，依據的是以下問題：

WBS 有哪些工作都完成後，才能說版本 n 已經完成？

答案中的那些工作，就歸屬於版本 n。

同樣地，每個版本都會對應到一個、也是唯一的版本驗收測試。

　　奠定這些基礎後，漸進交付計畫三要素彼此之間的關係就可表示成一張非常直覺的圖：

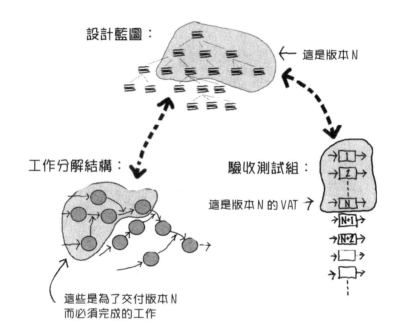

歸納起來，就是：

- 一個版本就是設計藍圖的一個子集。
- 能被版本驗收測試證實完成與否的工作才歸屬到同一個版本。
- 每個版本驗收測試是由一組足以判定該版本完成與否的基準所組成。

　　完整的漸進交付計畫可想像成一張表，表中的每一列就代表一個版本，並至少包含以下項目：

- 版本編號。
- 功能和特色的簡述，最好能參考到規格中的基本需求章節。
- 對應的版本驗收測試。
- 版本完成（通過 VAT）的預定日期。
- 版本完成的實際日期（完成後再填）。
- 工作列表，其中的工作項目都出自於 WBS，而且為版本完成所必需。
- 版本的 EVR 值（將在下一節討論）。

　　在此提出漸進交付計畫的兩項限制：第一，跨版本的工作或許可同時並行，但是規劃本身（或事先就必須完成的設計藍圖）卻不可和版本的實作同時並行。漸進法要行得通，在各項工作開始並行之前，就必須先完成藍圖和漸進交付計畫。

　　第二，設計藍圖必須展現設計切分（design partitioning）的全貌，而且要細到最低層級。常見的做法是隨便弄點高階設計，就宣告設計完成，至於設計切分則視為編寫程式的附帶結果，留到後頭再做。若是這樣的話，以漸進交付計畫為基礎的完工量測指標（closure metrics）就完全失效了。

實獲率（計算與運用）

　　所謂「實獲值」（earned value），就是專案中某部分工作的估算成本（以多少錢或多少人天〔person-day〕來算），工作做完後，成本是多少，就稱專案獲得多少。專案之初，什麼也沒得到，結束時，則賺

得了總預算的百分之百。當然，為爭取滿分，你花的也可能比預算還多。無論如何，這是你聲稱獲得的預算值，而不是實際付出的心力或金錢的總量。

所謂「實獲率」（earned value running, EVR），是在目前版本中，已證實完成並可正常運作的部分所耗費的工作成本，以佔總預算的百分比來表示。同樣，WBS 中每項工作的預估工作量也可用佔總量的百分比來表示。於是，若把欲通過 VAT n 必須完成的工作都挑出來，再把它們的貢獻加起來，就是版本 n 的 EVR。

舉一個簡單的例子。假設 WBS 列出十項工作，總工作量為100人週（person-week），漸進交付計畫分為五個增量：

工作編號	工作量	工作量百分比	完成的版本	小計	VAT 通過日期
1.	11 人週	11%	版本 1		
2.	7 人週	7%	版本 1		
3.	12 人週	12%	版本 1	30%	第 100 天
4.	10 人週	10%	版本 2		
5.	9 人週	9%	版本 2	49%	第 154 天
6.	8 人週	8%	版本 3		
7.	13 人週	13%	版本 3	69%	第 173 天
8.	9 人週	9%	版本 4	78%	第 185 天
9.	14 人週	14%	版本 5		
10.	7 人週	7%	版本 5	100%	第 206 天

當版本 5 通過驗收測試，也就是 VAT5（V5 是最後一個版本，因此 VAT5 是產品的總驗收測試），專案才算大功告成。此時，我們稱

預算已 100% 賺回來了，而且產品已 100% 可以運作。每個 VAT 通過時所對應的 EVR 為

VAT1 ：30%

VAT2 ：49%

VAT3 ：69%

VAT4 ：78%

VAT5 ：100%

把 EVR 換成時間函數，畫成圖：

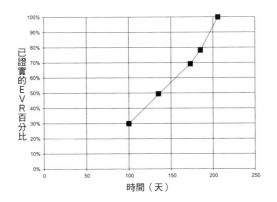

從 EVR 的量就可看出每單位時間完成了多少，這相當於在專案的雷達幕上建立了一條降落航道（glide path），這條航道非常適合做為專案完成度的指標，若發現偏離了預期航道，便是風險出現的徵兆，請立即啟動預先規劃的風險抑制策略。

漸進法：總結

對產品開發來說，漸進法是完工量測指標的基礎，而完工量測指標則是專案的脈動。監控 EVR，透過 EVR 將實際生產率呈現出來，加以追蹤，便相當於運用一個「會說話」的量測指標。產品自己會告訴你：「我已完成了多少百分比，我可以證明給你看。」當然，證據就是每個增量通過版本驗收測試時，該部分在總專案實獲值中所佔的百分比。

從專案中期（甚至更早），一直到完成結束，EVR 的追蹤是主要的風險回饋來源，只要額外付出少許代價，EVR 就變成一個會說話的量測指標。

至此，我們只談到漸進法在對付風險方面的好處，其他方面的好處如下：

1. 完成度的增加看得到，對維持士氣很有幫助。
2. 更具前瞻力（visibility）。
3. 可提高專案中、後期的使用者參與程度。
4. 一旦了解到專案的收尾部分多是花俏功能（產品最沒價值的部分），便可趁此將它刪除。

不管什麼案子，漸進法都是一個好點子……尤其當風險很高的時候，更必須這麼做。

17

終極的風險紓緩策略

首先耽誤一點時間，做一下假想實驗，這對後面會有好處。想像你在芝加哥一家客戶中心工作，時間是禮拜三午後。你記得禮拜五中午有一個很重要的會議，在舊金山。政治環境告訴你，一定要按時與會，而且有些與會人員來頭不小，遲到就完蛋了。總之必須趕到那裏。

上網一查，得知美國航空公司 8：40 從歐海爾（O'Hare）機場起飛的班機還有位子，預計 11：21 抵達舊金山。琢磨琢磨，只有手提行李，那時計程車應該很容易叫，101 North 公路可能……沒那麼糟，假如出入機場一切順利，登機門不擠，到舊金山時沒有耽擱，中午交通不塞，那麼抵達舊金山營業處時，應該還有五到十分鐘的緩衝時間。

等等，這種安排所根據的「一切順利」難保不會有任何風險，假如有一點不順利，就可能遲到，那就糟了。所以，現在進入風險紓緩模式：這項風險顯而易見，要如何變更計畫才好呢？

用膝蓋想也知道，我們並不意外讀者第一個念頭就是**早點出發**。趕早班飛機，清晨 6 點就走，這很討厭，但會多出幾個小時的緩衝。或者，前一晚出發如何？在營業處附近找家旅館住一晚就得了。

在這個例子中，你的「專案」就是抵達舊金山。如期完成的重要性越高，就越想早點出發，這個道理對任何人都再明顯不過……除了IT 人之外。

發生在我們身上的笑話

現在講個笑話，看看若跟別人相比，咱們IT 人都怎麼做風險抑制（containment）：

有一位IT 管理者和一位小姐都在芝加哥工作，禮拜三午後，他們都記得必須在禮拜五中午前趕到舊金山參加一個會議，非得準時，沒有任何討價還價的餘地。這位小姐——讓我們叫她Diane ——搭上禮拜四晚間的班機抵達舊金山，並在營業處附近找了一家喜愛的小旅館，先訂好房，便在 Hunam 悠閒地享受了一頓晚餐，然後在聯合大道上散散步，照照相。隔天一早，輕輕鬆鬆吃完早餐，就在筆記型電腦上工作到11 點，11：30 退房，步行到營業處時還提早了十分鐘。

這期間，這位IT 管理者Jack ，訂的是禮拜五早上8：40 的機票，7：05 他在市郊攔了輛計程車，開進Eisenhower 時碰上塞車，他一路發脾氣，不停地跟司機抱怨，終於到達歐海爾機場。這蠢司機哪知道這班飛機對Jack 有多重要。好不容易跟聯合航空確認機位，他態度強硬地告訴櫃檯小姐，不管怎樣，一定要準時起飛、準時抵達，要是有一丁點延誤，他就會「非常、非常地不爽」。當宣佈登機門擁擠時，他氣得跳腳，大聲抗議，當宣佈起

飛時間延後時，他把行李重重摔在地上，發出最後通牒：「假如害我開不了舊金山中午的會，我就讓你們死得很難看！」

假如專案交付日期非常關鍵，那麼早點出發才是真正的風險紓緩措施。對大部分專案的時程延誤風險，這也許是唯一能有效抑制它的辦法。沒錯，我們知道，現在要讓專案早點起步已經太遲了，它早就起步了，現在已是水深火熱。但這本書並非只是教你如何一開始就避免掉入火坑，所以你必須用自己的方法跳出來，事實就是如此。無論如何，早一點起步仍是一個重要選擇，請看下一個主題。

勇敢和膽小的管理

首先，我們要反駁一下組織裏的傳統觀念——認為建立專案時不預留任何緩衝餘地（slack）就是真正勇敢的管理，反之，就是懦弱的象徵。

該怎麼看待這件事，請先考量以下狀況，這是有關決定專案何時動工的典型案例：

雖然目前經濟不景氣，但下兩季之後應該就會復甦，如果現在就著手開發新產品，當市場再度活絡，我們的競爭力就能保持在領先地位——所以，應該立即進行這項專案。唯一要顧應的，就是市場未如預期好轉時，該怎麼辦？也許最好先觀望一下，看看實際結果如何。若需求量在明年初就往上升，我們就開始動手，要是到夏季都還不見起色，到時就不必砸錢下去，大家也樂得輕鬆。

這是膽小管理最糟糕的情況。

相反地，勇敢的管理者會甘冒一點風險，假如冒險值得，他們就會採取更積極的態度。專案開始得夠早的話，總是讓人膽量倍增，總要有人在不景氣時闖闖看，這就像把籌碼押在沒有絕對把握的地方一樣。

諷刺的是，許多專案管理者都發現，即使手邊的案子有可能延遲交付他們也願意做，因為其他更大的險他們也冒過，都可以化險為夷——只要早一點出發。

就算辦不到，早點出發還是很重要

延遲完成的專案幾乎都是起步太晚的專案，對高階主管來說，起步太晚是喪失遠見與勇氣的象徵。大部分組織都該謹記，當遭受威嚇並被告誡做得不夠快時，就該警覺到是否已經起步太晚。

TDM ：1996 年年初，我有位客戶擔任一個大型嵌入式系統（embedded-system）的軟體專案經理，她的工作就是要為一條新產品線做出一套控制軟體，該產品正急著推出市場。主要的利害關係人是一位叫 Hans 的行銷經理，這個案子就是他提的，資金也是由他籌措的。我這位客戶的團隊提出了一份規劃到 1997 年第 4 季的時程，Hans 非常生氣，他原來指望的日期是 1997 年 3 月 31 日。於是他就在公開會議上抨擊她的預估不夠積極，隨後還補上一句（真是夭壽）：「我可以證明給妳看，拖過了 3 月底，如果產品還交不出來，公司每個月就會

損失11 萬美元的利潤。」

　　我對這項論斷提出了質疑。「Hans ，如果在 3 月 31 日以前交付，也會發生同樣的情況嗎？比如說，假如在 2 月底交付，就會替我們多增加 11 萬美元的利潤，超過原先你預計得到的收益嗎？」

　　「沒錯，這是當然。」他說。

　　「若在 1 月底交付呢？」我繼續問：「那又會替我們多增加 11 萬美元的利潤嗎？」

　　「是的。」他說。

　　「假如我們今天就把產品交給你—— 1996 年 2 月，剛剛才把資金投入進來——那麼在這一年剩下的每個月，你都能得到這額外的 11 萬美元嗎？」

　　「是的。」他現在有點不太確定的樣子。

　　「好，Hans ，很明顯地，這個案子你起步太晚了，假如早在十八個月前，你就開始進行這個案子，我們現在就能交貨，而且從今以後，你每個月都會多賺到 11 萬……」到底能賺到多少，我讓他自己算。

Part IV
該冒多少風險

- 我們能冒多大的險？

- 風險值多少？

- 如何確實評估新專案的價值（報酬）？

- 如何確定已獲得預期的價值？

- 價值本身就是不確定的，該如何處理？

- 成本與報酬統統不確定，成本報酬評量（cost-benefit justification）有何意義？

18

價值的量化

想當年──在 IT 產業早期──我們在為新產品進行評量時還非常直覺。那時，安裝軟體通常是為了取代純手工的文書工作，所節省的人力就相當於它的價值，而開發費用則相當於它的成本，於是在成本報酬方面得到了一個蠻不錯的公式：

$$投資報酬率 = \frac{（價值 - 成本）}{成本}$$

為了不忽略金錢的時間價值（time value），我們把各種資金的流入與流出都用淨現值（net present value, NPV）來表示。我們或許會簡單地這麼說：「本案如果現在開工，相當於可為公司增加 130 萬的淨現值。」

有時，評量的形式又稍微有點不同：

TDM ： 我很早以前管理過一個案子，那是要為巴黎 La Villette 的法國國際商場（French National Merchandise Mart）裝設一套中央帳務應用軟體。按照規劃，新商場要取代位於 Les Halles

的舊商場。在 La Villette ，所有帳務資訊都是採數位傳輸，相同功能在 Les Halles 則是人工作業，利用充氣管網路傳送帳單、收據和發票，空氣加壓的呼呼聲吹得整棟樓都是。充氣管網路是在 1897 年世界博覽會時裝設的，當時還沒有什麼橡膠產品可做出氣密效果，所以整個管路都是用鉛製成的，建造期間，每公斤鉛的價格只有幾生丁（centime）。等到我們把它拆掉時，每公斤鉛的價格已經超過七法郎（franc），而且因為鉛很多，所以回收得來的收益足以支付整個專案開銷，包括全部的軟、硬體設備。

今天有何不同？

時代變了。絕大部分的直接成本節省系統（direct cost-saving system）都是古早之前建造的；跟以往開發系統是為了節省成本相比，今天我們投資專案更常是為了強化市場地位，要對這種系統進行評量，自是複雜困難得多了。而我們業界已習慣粗略的評量方式，於是在評量新系統時，便經常出現這種說法：「我們一定要擁有這套系統。」或「若要維持競爭力，這套系統是必備的。」

至於成本報酬分析，當報酬方面變得更加籠統時，成本方面所要求的嚴謹、精確卻與日俱增，於是常常可以看到一個新專案做出這樣的評量：

　　　　成本 ＝ $6,235,812.55
　　　　報酬 ＝「我們一定要擁有這套系統。」

　　當專案訂出精確的成本上限，卻把報酬訂得很模糊，就會造成開發人員在努力控制成本之餘，卻沒有人對報酬的實現負責，於是就會傾向以達到成本目標為優先而放棄某些功能。由於沒人關心如何追求最佳報酬，也就不會訂出任何有效的準則來判定如何取捨，常見的結果就是報酬實現（benefit realization）做得很糟糕、亂槍打鳥。

　　精確成本和模糊報酬造就出不倫不類的成本報酬分析，更重要的是，明智的風險管理也變得不可能。只單獨考量風險，便無從判定風險值是多少，結果，看來只有規避風險最適合。

　　這引出一個必然原則：

　　　　　　　成本和報酬都必須律定得同樣精確才行。

　　如果報酬不能陳述得比「我們一定要擁有這套系統」更精確，那麼成本規格就應該是「這套系統將所費不貲」。假如成本是用明確的風險圖來律定，那報酬也必須律定成相同形式（詳見第 19 ～ 21 章）。

責任歸屬

　　當開發經理接下專案，便有義務提出明確的時程和成本預算，為固有的不確定性提出解說（例如，以風險圖來表示）。然後必須管理專案，好讓結果符合預期，這分為兩個部分：一個是預估績效；一個是實際績效。

　　同樣，利害關係人也必須為預估報酬和實際報酬負責，報酬量化（benefit quantification）和成本量化的精確程度必須相當。

矯正的時刻：我們無法精確指定報酬的 45,328 個理由

有的人報酬預估做得很糟，偏偏就有本事把它說得很理所當然，最典型的說法就是：「這個系統的報酬就是〈他 X 的〉讓我們活下去。」如同我們的同事 Mike Silves 指出的，這純粹是權力鬥爭（power play）。能不能活下去，可以用市場滲透率、收益高標、利潤、顧客續購的數量來表示，諸如此類，全都是可量化的。權力鬥爭主張，鑒於要求（request）本身的地位，更甭提以要求者（requester）的地位，應該免除做這卑微的量化工作。不過，這背後隱含了一件更重要的事，就是要求者沒有義務去解釋用何種方式把系統換算成財務報酬。

其他還有一大堆雜七雜八的理由，包括：

- 系統很小，不必為此費心。
- 要或不要開發這套系統，沒有任何選擇餘地。
- 這系統是主管當局要的。
- 報酬完全要看市場時機的掌握。
- 這系統是為了接替現存系統。
- 高層的旨意。
- 報酬的不確定性太大了，很難精確量化。
- 利害關係人說：「相信我，這絕對值得去做。」
- 再怎麼說，有關報酬的數據都不可靠。

有關最後一點，我們的同事 Steve McMenamin 在擔任 Edison International 公司副總裁時，提出了他的見解：

有一類很令人懷疑的省錢項目我稱之為「整體生產力」（general productivity），類似的說法為：「假如把這套新資料採掘（data-mining）系統做出來，每天可以為每位員工省下至少兩分鐘，一年下來，就可為整個組織省下黃金四十二萬兩！」雖然並非毫無道理，但這總是蠢案子和蠢顧問倚賴的說詞，以致於報酬就是「整體生產力」的說法往往讓人覺得很不可靠，經常淪為笑柄。我通常對這類說法至少打上百分之百的折扣。

這裏落人口實的就是分散於四處的微小報酬。當報酬是巨大而集中的時候，評量的重要性就會大大地引人注目了。

不仔細進行報酬預估、不好好評估報酬實現的理由，還有一種沒列出來，雖然這是一種叫人說不出口的理由，但卻經常發生：報酬非常少或不存在。按照一般經驗法則，若報酬一點量化數據都沒有，就假設是零。

貴公司最大的風險

談了半天，報酬跟風險和風險管理有什麼關係？到目前為止，我們一直都是用專案或 IT 管理者的角度談風險管理，現在請把視野提高。雖然軟體最大的風險要不就在技術（產品方面），要不就在人為（專案方面），但是，公司最大的風險卻是在價值方面：把工夫浪費在低價值專案而錯失高價值專案，所耗費的機會成本（opportunity cost）。

冒險的積極程度必須由報酬來驅動。你願意冒多少風險，端視你可以得到多少報酬而定。

TRL　：在 1990 年代，我們有許多客戶都致力於錯誤流程的改善，他們統統卡在專案的開發程序上。其實真正該關心的，是怎麼決定哪個案子值得去做的程序。諷刺的是，就我所知最講究程序的公司中，有些連建案的程序都沒有——完全是聽命行事。

計算報酬的五個要點

　　在堅持系統價值與成本同等重要之後，我們提出以下的報酬計算方案：

- 當開發人員公佈預期成本和時程時，利害關係人也要公佈預期報酬，雙方精確程度要相當。
- 當開發人員標示成本和時程的不確定性時，利害關係人也比照相同方式標示報酬期望值的不確定性（詳見第 19 章）。
- 利害關係人必須評估各系統組件的價值，以利進行版本選擇、敏感性分析（sensitivity analysis）、以及漸進式成本報酬分析（詳見第 20 章）。
- 管理階層在評量專案時，必須根據報酬、成本、以及兩者的不確定性，兩兩仔細比較（詳見第 21 章）。
- 事後，管理階層必須評估報酬實現，並把結果做為事後檢討程序的輸入資料。

　　本方案大致就是 Barry Boehm 的「價值基礎軟體工程」（value-based software engineering），Boehm 為價值基礎的必要性下了註解：

軟體工程基本上就像一個短兵相接的運動，以橄欖球類比，如何在鬥牛陣（scrum）中獲勝，沒有任何理論比得上親自打幾場球得來的經驗。

此外，現在大部分學生所學到的理論，大概只夠應付實務上15% 的情況，所根據的軟體工程模型，多半是以固定的一組需求來推導並驗證程式碼，彷彿是事先佈局（set-piece）一樣，這在 1970 年代是很棒的模型……但現在過時了。在 1970 年代，軟體只是大多數系統中的一小部分，固定需求意味總是可以「單獨考量」，只管矇著頭想辦法從需求推導出程式碼即可。不過現在已完全改觀了，軟體跟它能賦予系統多少價值息息相關，它的彈性是適應改變的關鍵，軟體工程已越來越不是「純粹寫程式」。[1]

從這個觀點看來，重點就是有多少價值可以實現，就投入多少「事先佈局」的軟體製作。

1　Barry W. Boehm, "Software Engineering Is a Value-Based Contact Sport," *IEEE Software* (Sept.-Oct. 2002), pp. 95-97. 經授權轉載於此。

19

價值也一樣不確定

利害關係人經常謝絕為新系統進行價值預測，他們的說詞就是不確定性太高了，所以無法預測，如果有人問起，最真切的回答就是：「我不知道。」第 11 章曾經敦促過：一聽到自己說「我不知道」，就代表要進入不確定性範圍的思考模式，開始畫不確定性圖。利害關係人也必須具備相同的直覺反應。

報酬？好，那得看……

如果系統的主要利益是來自於壯大市場競爭力，而非節省成本，那麼報酬的確有某些不確定性，新產品可能會在市場上無疾而終，也可能反應冷淡，也許類似的產品早已捷足先登，也許更特殊、更吸引人的產品即將問世。

不論哪種情況，新產品都可能會從原來最樂觀的期望跌落到它實際的價值，這種疑慮最直覺的反應，就是注意到「最樂觀的期望」這個事實。價值預測的第一步，就是要量化最樂觀的期望，以收益、利潤或市場滲透率來表示量化的結果。同樣，也可以量化最不樂觀的期

望，而在最樂觀與最不樂觀之間，會有一個可能性最高的期望值，這三點就構成了一張初步的不確定性圖，並為預期價值界定了風險範圍：

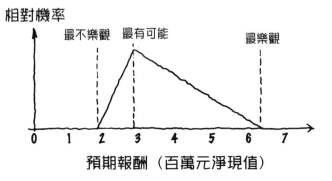

若有人得為這樣的風險範圍許下承諾，他就會堅持在這期望之上必須附帶某些明確的利害關係人前提（stakeholder assumption），對專案經理來說，這是另一種專案前提──他管不到的風險便是其他某些人的責任。利害關係人前提就像這樣：「假如系統證實很不穩定，所有的賭注就泡湯了。」

之前提到過，每一張漸進式不確定性圖都可轉換成累計式不確定性圖，以上圖為例，就變成：

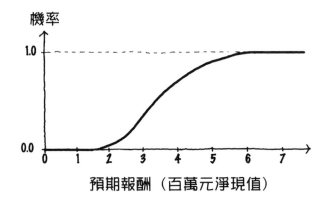

根據這些，就可推導各種實用資訊，包括平均預期報酬和不同可靠程度的預期報酬。還可用蒙地卡羅模擬器來模擬多次專案，產生一張圖來表示每一次模擬結果。

市場時機

堂皇的市場時機（market window）幻覺可能是最萬無一失、最常被拿來做為逃避報酬預估的搪塞之詞。利害關係人振振有詞，要談報酬可以，但在市場時機消失之前，請開發人員先把系統搞定再說。任何報酬數據都說得通，因為他們一貫的策略，就是聲稱在一個實際上不可能達成目標的日期之前，市場時機就會消失。一開始就是註定失敗的專案，但利害關係人把責任撇得一乾二淨。

說起未來的市場時機很容易，但不妨回想過去幾個要命的例子。沒錯，VisiCalc 是市場時機消失前就推出的產品，但怎麼解釋Lotus Notes 呢？在Excel 出現之前，一般都認為試算表的市場時機早已結束，但 Excel 上市後竟成為佔有率最大的試算表產品，真奇怪。還有Google，它出現時已脫離市場時機很久，顯然不可能成為第一品牌搜索引擎──但它辦到了。

如果市場時機有那麼重要，責任就不完全在任何一方，該還給利害關係人負的責，就是涵蓋整個交付日期範圍內的預期報酬。開發團隊的風險圖涵蓋範圍有多大，利害關係人的圖涵蓋範圍就要有多大，他們的圖所顯示的，就是這段期間的預期報酬。要得到這幾張圖可不容易，因為，如果有哪個人以急迫需要為理由，聲稱一定要在某一天交貨，但好死不死，這幾張圖顯示這天之後的價值都是零或負值，便

剛好讓他自打嘴巴。在組織面臨的風險中，只要大一點的風險，都是以價值為核心，對價值預測抱持隨隨便便的態度（不論低估或高估），將稱不上是光彩的行徑。

實況報導

為了補充我們在價值評估方面的經驗，我特地請教幾位真實世界裏的管理者，他們在這方面做得非常不錯（當然也有凸槌的時候）。如下所述，成功與失敗交織在一起，非常精彩：

> 「系統越大，要負的責就越大……〔報酬〕數據都被緊緊盯著，因為未來開支的財務模式會被削減到什麼程度，將視承諾而定……
>
> 「總是有正確的人在必要時提出這樣的要求，每個組織總有一些人可以單刀直入，根據對公司的重要性來抓住他們想要的東西。」
>
> —— Christine Davis，曾任職於德州儀器公司和雷神公司

> 「〔沒有價值評估〕，結果就只會是個意氣用事的決策。根據我的經驗，決策若流於意氣用事，對長期價值創造的追蹤紀錄就不會做得很好，事實上，我認為頂多只能造就出短視近利的方案……
>
> 「我還有過一個非常荒唐的評核經驗，大概就像這樣：『專案圓滿成功（在我們重新定義「成功」兩字的意義之後）』，而這通常是時程落後的專案為符合時程要求而『不顧一切刪減功能』的結果……。看起來就像一個糊掉的三明治（fuzz sandwich）：專案一開始，評估模模糊糊，最後結束，評估還是模模糊糊，中

間過程夾了某些牛肉（你希望有，但你並未細看）。」

—— Sean Jackson ，霍華休斯醫學研究所

「開發人員和利害關係人之間〔必須有〕對等的責任歸屬。到底
創造出多少報酬，利害關係人要負責確定，〔但〕根據我們的調
查，發現各公司在事後普遍都沒有追蹤報酬是否符合預期。」

—— Rob Austin ，哈佛商學院教授

「要節省資金也要先分清楚，省下來的是刪減成本（reduction
cost），還是避免成本（avoided cost），這之間的差別非常重要。
刪減成本是從目前認可的預算中刪減額度，這是你（提出要求的
管理者）已經擁有的經費，假如拿到了開發新系統的經費，你願
意放棄。避免成本則類似於：『假如沒有這套系統，在〈未來多
少年〉，我就得額外雇〈n 個〉〈某種員工〉，但假如有這套系統，
就可避免這些成本。』這是每一位提出系統要求的人最喜歡的一
種報酬：光用嘴巴說，不負任何責任。這裏的陷阱就是，你怎麼
知道會有錢去額外雇人？你是把未來不見得能拿到的錢當作現有
資金來做取捨，很令人心動，但大部分評估人員一眼就可看穿。
要判斷報酬是不是真正的避免成本，就看它是否真的無可避免，
換句話說，是不是一筆在未來必然會被認可的預算。這是很嚴苛
的檢驗，但真正的避免成本絕對可以通過檢驗。」

—— Steve McMenamin ，大西洋系統協會

透過我們非正式的採訪，就某方面來說，呈現出來的景象就像一
個糊掉的三明治，但有兩個有趣的趨勢：

1. 最務實的公司會認真做價值評估，不過在評估形式上，他們可能喜歡讓每個專案有所變化。

2. 他們大部分都是根據預期報酬的多寡來削減下游預算，也就是 Christine 所說的：「未來開支的財務模式會被削減到什麼程度，將視承諾而定。」

最後，即便是這類組織，也會出現「相信我，做這個有好處」的價值承諾，不過，這通常只出現在利害關係人對成本和報酬兩者都負全責的情況。

20

敏感性分析

本章的重點，就是要想個巧妙的辦法來增加利害關係人負的責。之前曾經強調，有必要把價值預測和價值實現量測的責任賦予系統的使用者和利害關係人（要做到跟成本預估和成本實現量測相同精確的程度），現在，我們要你在核算價值時，用漸進法來辦到這點。之所以說「巧妙」，是因為客戶不會輕易讓你得逞，你必須連哄帶騙，獻盡殷勤。這看來有點棘手：真的要為此動用你的政治資源嗎？我們將試圖說服你這麼做。

既然這是解決方案，那問題是什麼？

我們這裏所針對的問題，是大部分系統專案中整組配套（package-deal）的本質。一個專案之所以能取得資金，是因為這個產品將可以提供某些價值（不論是否已清楚量化出來）。現在，有幾個問題值得一問：產的價值何在？它平均分佈在系統每個組件中嗎？每次從系統中，任選兩個同為 100 行程式碼的模組，它們附帶的價值會一樣嗎？

可別這麼篤定。根據我們的經驗（以及你自己的經驗，承認

吧），價值是非常不平均地分佈在系統中；系統真正值錢的，是展現或支援產品核心的重點功能。

　　有時，屬於核心價值的部分還佔不到所有程式碼的 10%，而其他部分就是……對呀！其他部分都是什麼東西？有時，是必要的底層基礎設施，但更多時候，則是一些表面上重要、實際上累贅的花俏功能。看穿偽裝，進行適當的功能裁減，正是敏感性分析要做的事。

[譯註]
對複雜、不確定性頗高的問題，建立模型來估算各種變因對結果的敏感性，即為敏感性分析（sensitivity analysis）。

漸進式價值／成本分析

　　只要把系統切割成許多小片段（所謂片段，若在需求界定階段，指的就是功能，若在設計階段，指的就是模組），再根據切分結果配置預測成本，就會變得可行而合理。於是，若系統某個部分算出來要花 $235,000，則其成本佈局可能就像這樣：

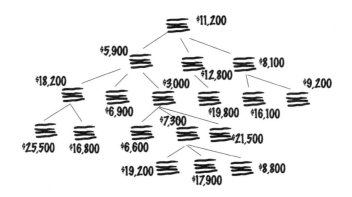

現在，如果說服利害關係人進行價值評估，根據相同的切分方式，也把價值佈局做出來，我們就可同時掌握每個組件的成本和價值了，還可計算每個小片段的價值／成本比。

我們了解，我們了解——這檔事兒從來就沒那麼順利過。但想像一下，假如辦到了，你會怎麼運用漸進式價值／成本分析的結果呢？很簡單，馬上分出核心功能、必要的底層基礎設施、以及花俏功能，再也不必說出「花俏功能」這麼沉重的字眼，只要把利害關係人自己做的價值評估拿出來，價值平均分佈的假設就會不攻自破。

有些組件擁有高價值／成本比，這些就是提前交付的候選項目，不妨按照比值越高、交付版本越前的規則來安排版本計畫。當交付到版本 n 時，大家都會發現，剩下的東西平均價值／成本比已經很小，這也許是一個趁勢提出結案的好時機，莊嚴、很有面子地宣告成功，然後繼續做下一個案子。至於原來必須做，但不受歡迎，純粹只是為了滿足某某人喜好和虛榮的功能，由於對整個產品的價值一點貢獻都沒有，至此便摒除在外。

規模經濟與規模不經濟

價值並非均勻散佈在系統之中，此一事實為 IT 管理者帶來一個有用的策略。眾所周知，系統專案呈現規模不經濟（diseconomies of scale）的特徵：若系統規模增加為兩倍，則預料系統開發耗費的心力會超過兩倍。有關心力耗費與系統規模之間非線性的關係，Boehm 和其他學者都有完整的文獻可供參考：

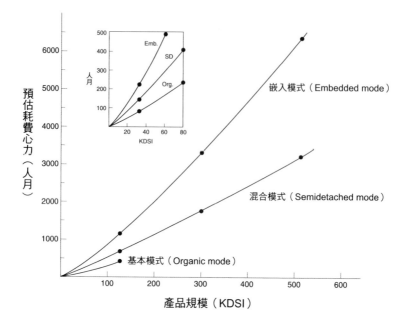

既然擴大產品規模，成本增加的幅度就會更大，那麼縮小產品規模，便很可能可以大幅節省開支。刪除系統中屬於低價值／成本比的部分，也許是紓解時程和預算壓力最簡單、最棒的方法。軟體開發人員應該學著相信「少開發一點軟體」，這很古怪，但很明顯是比較好的做法。

1　Barry W. Boehm, *Software Engineering Economics* (Englewood Cliffs, N.J.: Prentice-Hall, 1981), p. 76. Reprinted by permission of Pearson Education, Inc., Upper Saddle River, N.J.

回到現實

好，讓我們面對現實：叫利害關係人去做漸進式價值預測，這就像是去拔他們的牙一樣，不是三兩下就能解決的；對他們來說，這是自找麻煩，不但眼前看不出有什麼好處，未來還可能要負更多責任。假如這些實用功能中真藏了什麼花俏功能，這些負責量化工作的傢伙，極可能就要割捨掉他們所偏好的功能，可以預料，幾乎所有利害關係人都會堅決反對，用堅決的口氣保證：「**全部都要**，統統是核心功能，我發誓。」結果又回到價值平均分佈的原點，要說服他們，想都別想。

或許根本不必說服他們，漸進式價值／成本資料的好處，就是讓你根據組件優先順序來排定版本先後，能得到實際上的數據當然很好，假如得不到，難道就沒別的辦法了嗎？

事實上，就算最不甘願的利害關係人，當你採取漸進式實作，都可以借力使力，從他那裏挖出有關優先順序的指示，畢竟，系統中總會有某一部分要等另一部分做完才能做，於是有的要先做，有的要後做。假如把這個問題丟給利害關係人，他就會跳起來告訴你實作的順序，因為當系統延誤了交期，越早做的，就越有可能在原訂日期備妥，反之，越晚做的，就越不可能在那天之前準備好，這個道理其實大家心裏都很清楚。額外多做一些控制，使用者幾乎都能得到好處，就算是利用他們的心理，也不失為一個能有效讓他們承認「價值並非平均散佈在系統中」的好辦法。

21

值不值得冒險

對於某個專案，我們可以冒多少險呢？不管答案是什麼，都得先計算出潛在價值，不考慮價值，什麼冒險哲學都行不通。賭注的彩金大，風險再大都值得去闖，彩金小，一點風險也不值得去冒。

假如能接受以上說法，那你算是少數民族。在 IT 產業，情況似乎完全相反：報酬小，就要冒更多險，不然我們怎麼可能把成本壓低到讓專案不賠本？

這種思維創造了咱們這行習以為常、但惡名昭彰的工作型態……

死亡行軍專案

處在死亡行軍（death march）中的專案，有賴於每一位專案成員無怨無悔的犧牲，為了專案，大家放棄個人生活，超量加班，連週六、週日也要來辦公室，家庭關係疏離……等等。總之，大家非得全心全意投入專案不可。

通常，這都是以專案的重要性來為死亡行軍的正當性辯護：這次的任務實在太重要了，重要到全體專案人員最後一滴血也要榨乾。但

是，這種說法有點奇怪：既然這個專案有那麼重要，為什麼公司不願分配合理的時間和金錢來做呢？

根據經驗，死亡行軍第一個共同特徵，就是預期價值很低。專案鎖定的目標是非常沒有意義的產品，由於價值很低，若按一般正常專案來處理，成本明顯會高於報酬。只有超人才可以讓這隻豬飛上天。

死亡行軍第二個特徵，就是員工成了冤大頭。騙他們犧牲小我、完成大我，使他們相信，用這麼點代價卻只能帶給家庭那麼一丁點好處也很值得。

死亡行軍第三個特徵，就是專案最後幾乎都出盡洋相。糗大了，只做出一點點東西，或什麼也交不出來（通常還花掉比一般更多的成本），每個人都覺得很窩囊、很不爽，覺得應該有更好的做法才對。

根據價值來冒險

更好的做法，就是用預期價值來引導決定冒多少險。回顧從前，我們沒這麼做，主要是因為沒有硬性規定進行價值量化，特別是低價值的專案。公司根本排斥價值量化（這是唯一能讓一切看起來都很合理的方式），隱瞞價值的期望值，才有可能在縮減開發成本的情況下完成專案，這是很重要的理由，「我們要把成本壓低，低到不論做出多少價值的東西都划得來。」

真正的專案評量（其實你心裏最清楚）需要在風險和價值之間取得平衡，就像下圖：

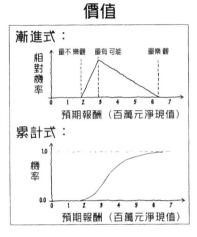 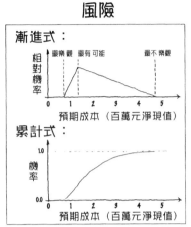

　　看完圖，不免要問：如何判定左邊的價值真的值得去冒右邊的險呢？因為價值和風險都不太確定，所以預料兩者取捨也會有一些不確定性。經過複雜的數學運算，就可得到一張不確定性圖，顯示不確定的價值和風險的合併效果。若不用微積分，改用 RISKOLOGY，一樣可以做得很好，連續模擬專案一百次，得到一連串淨報酬，以逼近長條圖的方式找出平滑曲線：

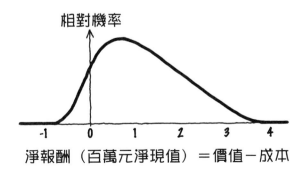

　　模擬結果說明，十個這種專案，大概會有一個賠本，其他九個多少都能賺錢，機會左右各半那一點估計是在淨現值（net present value）150 萬美元之處。花個幾百萬冒險，就有一半機會得到 150 萬淨收益，這是非常合理的風險承擔。當然，假如有其他報酬更好的案子，就改做那個。可承擔風險的錢就那麼多，該怎麼玩，在下決定前，淨報酬不確定性圖可以為你提供指引。

22

改良風險管理的處方

結束前，我們重新回到第 10 章，再補充一些內容，使它更為精
進。焦點放在該章第一節：「到底該怎麼做風險管理」。

到底該怎麼做風險管理（精心改良版）

風險管理最基本的——要結合到專案裏的——就是以下這些步驟
（跟第 10 章的列表相比，更改較多的是第 6 ～ 16 項，但請你還是從
頭開始，把整個程序都復習一遍）：

1. 透過風險探索程序（詳見第 14 章）找出專案面臨的風險，彙整
   成風險調查報告。
2. 確定軟體專案的主要風險（詳見第 13 章）都已納入風險調查報
   告。
3. 針對每個風險，完成以下事項：
   ・為風險命名，並賦予唯一的編號。
   ・進行腦力激盪，找出風險的蛻變指標——能有效及早預告風險

即將成形的事物。

- 預估風險成形對成本和時程的衝擊。
- 預估風險成形的機率。
- 計算時程和預算的風險承擔。
- 預先決定一旦風險蛻變則必須採取的應變行動。
- 敲定為有效執行應變行動而必須預先進行的紓緩措施。
- 把紓緩措施納入專案計畫。
- 把所有的細節記錄在一份類似附錄 B 的制式文件內。

4. 指出做為專案前提的致命風險（showstopper），循一般正式管道把這些風險往上報。

5. 假設**不會有任何風險成形**，估計最早的完成日期。換句話說，預估的第一步就是要確定奈米機率日（nano-percent date）（詳見第 10 章），亦即對無法完成的說詞不再能自圓其說的第一天。與業界慣用的做法不同，我們建議把奈米機率日當作時程規劃的**輸入**資料，而非輸出資料。N 點不妨運用可調參數預估器求得，請調在最樂觀的設定。

6. 下載 RISKOLOGY（參考 http://www.systemsguild.com/riskology）。在主工作表上輸入專案參數，盡量客製化（customization），最好從周遭環境、歷史紀錄中找出更可靠的資料，替換預設的業界核心風險數據。如果還追蹤了其他非核心風險，也為它們補上自訂的工作表。執行模擬，產生一張專案風險圖，把它和奈米機率日疊在一起。

7. 爾後任何承諾都以風險圖來表示，把跟預定日期和預算有關的不確定性統統標示出來。若遇上沒什麼見識的利害關係人，與其跟

他們解釋老半天，不如直接進行模擬，跑個五百次，把各種可能結果、各種可能性秀給他們看。

8. 建立工作分解結構（WBS），展現必須完成的工作。不管用什麼方法，把每項工作要耗費的心力都預估出來。這些預估值的用法跟傳統的稍有不同：只關心相對權值（weight），不在乎它實際的值，相對權值將用來計算 EVR。

9. 專案一開始，再難也要敲定淨輸出入資料流定義──要律定到資料元素層級──在專案時程前 12% ～ 15% 就該搞定，把淨資料流的簽署視為重大里程碑，通不過，後續工作就不要做。記住，這是一個完工量測指標，簽署不成便是一項致命警告。

10. 再難也要在進行任何實作前做好設計切分，再根據切分結果建立漸進交付計畫。

11. 設計切分完成後，再把工作分解結構拿出來，重新預估各項工作的權值，以佔剩下未完成工作的百分比來表示。

12. 以跟成本評估一樣的精確程度來進行價值評估。

13. 把規格裏的需求細分到最基本的等級，根據對使用者的價值、技術風險這兩項評斷標準，進行優先順序排定。

14. 建立漸進交付計畫，把產品切成很多版本（很多很多，多到大概每週至少一個版本）。按照越優先、越早交付的方式，把所有基本需求配置到各個版本。算出每個版本的 EVR，記錄在這份計畫中。把漸進交付計畫當作專案的必備文件。

15. 建立產品總驗收測試計畫，切分成 VAT，為每個版本都安排一個 VAT。

16. 把每個版本的 EVR 和預定交付日期標示出來，當通過 VAT 時，

把實際結果一併標示在同一張圖上。

17. 至此一直到專案結束，監視所有風險，注意是否蛻變或解除，一旦成形，便立即啟動應變計畫。注意 EVR 降落航道，若發現偏離，便是風險出現的徵兆。

18. 在專案進行時，持續風險探索程序，以對付較晚才浮現出來的風險。

Part V

管不管用

- 怎麼知道風險管理真的已經落實？

23

風險管理測驗

不論你擔任的是風險管理的角色，或是更高階層的職務，都需要某種客觀方法來了解這項工作是否已經落實。為什麼要有這種方法？為何不乾脆信任部屬會自動去把風險管理做好？因為，組織裏誤報的情形很嚴重，而且自我管理都有放水的傾向。

假設你擔任的是專案層級以上的管理職務，負責專案層級的風險管理（可以插手專案內部或同等級的專案），誤報的情形就像這樣：「嘿！我手下做的都是些冒險的買賣，他們當然都在管理風險，不就是先看看有什麼會讓專案陰溝裏翻船的阻礙，適時引導一下不就得了？我的經理們個個都是專家——他們當然也不會讓自己只專注在簡單的小事，而忽略了真正的危險。」

說得好聽，只不過忽略了所有深植於組織文化的抑制因素，包括辦得到（can-do）的態度、不肯面對失敗、一定要維持前途光明的景象、不敢談論不確定性、要表現一切都在掌握中（就算只是一個幌子）、意圖運用政治權力掩飾真相、短視近利而不惜消磨眾人鬥志。

這些都是不可小覷的力量，很明顯會讓有創見的人從合理的管理方式退縮下去，轉而接受看起來合理的管理方式。這兩者完全不同。

準備一套辨別風險管理是否落實的測驗方法，不但對高層主管很有幫助，對風險管理者本身也非常受用。

我們真做了風險管理嗎？測一下就知道

當風險管理開始進行，成為組織文化的一部分時，專案應可通過以下全部、或幾乎全部的測驗：

1.　有一份風險調查報告。其中不但列出所有軟體專案的核心風險，也列出該專案的獨特風險，全都是造成災難的真正成因（會導致恐怖結果的事物，而不僅僅是恐怖結果本身）。

2.　風險探索程序正在進行。風險探索對所有參與人員都是開放而歡迎的，對於不受歡迎的構想，有特定步驟保護參與人員，讓他們安全而清楚地表達意見。甚至開放匿名管道，以傳遞壞消息，我們有些客戶把這個辦法用得蠻好的。（這招並不常用，一旦派上用場，就是**無價之寶**。）

3.　不確定性圖隨處可見。這些圖用來量化成因風險、展現加總風險和期望值。有一種組織文化開始形成：認為在承諾前沒有明確把不確定性標示出來，就是不夠專業。

4.　專案不但有目標，也有預估，而且分開成兩碼事。目標也許會訂在完成機會是奈米級的程度，但預估一定非常保守，假如目標訂在十二個月後，預估應該至少在十八個月以後。任何承諾都一定伴隨某種程度的把握，並透過不確定性圖來表示。

5.　每個風險都指定了蛻變指標。蛻變監控正持續進行，以偵測風險

成形。

6. 每個風險都安排好應變計畫和紓緩措施。應變行動已列入工作分解結構（WBS），寧可備而不用。紓緩行動也已律定清楚，安排在最早需啟動應變行動之前實施。

7. 對每個風險都評估過風險承擔。

8. 有專案價值評估的量化數據，專案結束也會量測實際價值。各系統組件已根據價值進行優先順序排定，並建立版本計畫。

9. 專案計畫至少採取了某種程度的漸進法。版本中有某部分或全部會真正交付給利害關係人，或假交付（pseudo-delivery）（交付步驟都做到，只是不交出成果）。每個版本的完成時間、耗費心力、相對規模等數據都被保留，做為專案中、後期的完工量測指標。

假如貴公司至少能通過前六項測驗，就表示風險管理已融入到你的專案，而且正在發揮功效。假如通不過，便表示還要加倍努力。

假如連一項都通不過，可以確定，雖然貴公司號稱風險管理做得多好，實際上根本就不是那麼回事。你也不必為此感到難堪，咱們業界光說不練的多的是，但也別太放鬆自己，簡單一句「我們當然有做風險管理」，卻缺乏具體事蹟佐證，本身就是問題的一部分，頂多只能讓你短期內好過些，但對長期的防護一點幫助也沒有。

拋開過去的膚淺說詞，是讓風險管理為你所用的第一步，而那正是邁向成熟的第一步。

附錄 A

信仰的道德，第 1 部分

William Kingdon Clifford

[譯註]

克利福德（William Kingdon Clifford，1845 ~ 1879），英國數學家。
這篇文章最初是在 1877 年刊登於《*Contemporary Review*》，並在 1879
年轉載於《*Lectures and Essays*》，後來收錄在 1999 年由 Prometheus
Books 出版的《*The Ethics of Belief and Other Essays*》、以及 2001 年
Dry Bones Press 出版的《*The Ethics of Belief*》兩本書中。

有位船主正要讓一艘移民船出航，他知道這艘船當初造得不盡理想，它已航行很多次，到過許多國家，現在很舊了，經常需要修理。心中的疑慮告訴他，也許這艘船已不再能航行，滿腹懷疑使他悶悶不樂，他想，或許該做個徹底檢修，重新改裝，但就算這樣，也要花許多錢。然而，在開航前，他成功克服這些令人不快的疑慮，安慰自己，這艘船行遍天下，經過多少大風大浪，每次不都是平安歸來，所以根本不用瞎操心。最後，他把一切寄託於神，對那些依依不捨、離鄉背井、遠渡重洋追尋更好機會的人們，神應該會眷顧他們。

在排除狹隘多疑的心態，相信建造者與承包商的正直之後，他覺得很真誠、舒暢，不再有罪惡感，認為船絕對安全，還是可以出航。他輕鬆自在地目送船離港，由衷祝福它平安到達異鄉。結果，船航行到一半就沉了，船主拿到保險金，卻沒說出真相。

對這位船主，我們能說些什麼呢？無庸置疑，人都死了，他當然有罪。雖然，大家都知道他衷心期盼船不會出問題，但是，就算這份信念再誠懇，對他卻是一點幫助都沒有，因為，他並沒有任何權利就這麼相信當前的證據。他的信心，並非建立在忠實地進行孜孜屹屹的調查，而是把原本的疑慮抑制下去。就算他最後也許意識到不該這麼想，然而，只要當初存心並欣然讓自己陷入這樣的心境，他就必須對這樣的後果負責。

讓我們把故事稍微改變一下。假如這艘船一點問題都沒有，不但平安完成航行，後來還航行很多次，這位船主的罪過就會比較小嗎？一點也不，事情一旦做下去，是對是錯就已經確定了，就算結果的好壞會有意外，也無法改變事情對錯。這個人並非無罪，只是還沒遭到報應。是對是錯，得看信仰的出發點，而跟信仰本身一點關係都沒有，信仰是什麼並不重要，重點在於他是怎麼做才得到這份信仰，這也跟信仰最後證明是真是假無關，而要看他是否有權就這麼相信當前的證據。

曾經有個島，島上有些居民篤信某個宗教，這種宗教既不講原罪（original sin），也不吃永刑（eternal punishment）這套。謠傳，該教教徒以不正當手段向孩子們宣揚教義，而且他們曲解國法，把孩子從自然或法定監護人的保護中帶走，甚至騙走，讓他們的親友找不到。有些人組成了一個團體，意在把這件事炒熱，他們提出嚴正指控，針

對那些擁有最高身分與名望的居民，傾全力中傷這些居民。由於釀成軒然大波，一個委員會受命調查真相，但在蒐集了所有證據、經過仔細調查後，顯示被告是清白的，對他們的指控不僅沒有足夠的證據，而且，只要這些煽動者也嘗試進行公正的調查，無罪的證據也很容易獲得。事情揭露之後，全國人民看待這支煽風點火的團體，不但不再相信這群人的判斷，更從此瞧不起他們，雖然他們真摯而誠懇地相信自己所做的指控，但他們並沒有任何權利就這麼相信當前的證據，他們的真誠信念，並非建立在忠實地進行孜孜屹屹的調查，而是被偏見和激情牽著鼻子走。

容我們也做些改變，假設情況都一樣，但不斷有更精確的調查證明被告真的有罪，這在罪行上會有任何差別嗎？很明顯，不會。問題不在他們的信仰是真是假，而在於他們是否在錯誤的基礎上這麼做。他們無疑會說：「你看吧！我們是對的，下次也許該相信我們。」或許有人會相信他們，但他們並不因此值得別人尊敬，他們並非無罪，只是還沒被識破罷了。假如他們之中有人良心發現，因而明白，對於曾經得到並予以支持的信仰，並沒有任何權利就這麼相信當前的證據，他就會了解自己做了一件錯事。

然而，你也許會說，在這兩種假設情況中，信仰並沒有錯，而是錯在伴隨信仰而來的行為。船主也許會說：「我完全確定船沒問題，但在把這麼多人的性命託付給這艘船之前，我仍然覺得有責任要對船做個檢查。」那麼同樣，我們也可以告訴那些煽風點火的人：「不論你對於自己指控的正當性、以及信念的真實性多麼堅信不疑，在公開對別人做出人身攻擊之前，都該用最大的耐心和細心來檢驗雙方的證據。」

　　首先，到目前為止，容我們採信上述觀點是正確而必要的；說它正確，乃因就算一個人的信仰已堅定到無法容納其他想法，但根據信念所要採取的行為還是有選擇性，因此不能以信念強度來逃避查明真相；說它必要，則是因為對那些無法控制情感和思考的人，必須有一套約束公然行為的簡單規則。

　　但是，做為必要的立論基礎，上述說法明顯不足，我們的判斷需要再加以補充，因為，當我們在譴責行為並放過信仰的同時，仍不可能把信念和隨之而來的行為截然二分。只要一個人對問題的某一方抱持強烈信念，或希望對此抱持信念，他就無法跟處在質疑、無偏見的情況下一樣，做出公平、周全的調查。當信念沒有建立在公平調查的基礎上，他就不再適合履行這份必要的責任。

　　若信仰對行為沒有任何影響，那就不是信仰了。真正的信仰會使人想做出某種行為，觸動慾念，先在心裏做這件事。就算沒有立即表露，也只是隱忍不發，未來時機一到，還是會左右行為，它將成為我們的眾多信仰之一，在日常生活中，時時刻刻把我們的認知和行為連結在一起。由於這是一群有組織、緊密結合的信仰集合體，所以沒有任何一部分可以單獨抽離，但每個新加入的信念都會改變它的結構。無論看來多麼瑣碎、多不起眼，真正的信仰都不會無關緊要，它讓我們隨時接受更多偏好的信念，確認出相容的，削弱不相容的，漸漸在我們內心深處埋下無形的種子，有朝一日，也許就會爆發出來，成為公開具體的行動，永遠烙印在我們的人格之上。

　　此外，信仰牽涉的層面絕不僅限於自己，我們日常生活都會被某些社會事物的普遍概念影響，這些都是因公眾目的而建立的，我們說的話、用的語彙、處事方法、思考模式，都經過多少歲月的塑造、淬

煉，才為大家所共有；還有一代代延續下來的傳統，以及不墨守成
規、轉而發揚光大、寫下璀燦一頁供後世謹守不渝的信條。不論好
壞，這些事物交織成每一個人的每一個信仰，並傳述給同族同宗的
人。我們必須為後代子孫建立一個能生存下去的世界，這是一份令人
敬畏的特權，也是一份神聖的職責。

在這兩個假設的例子中，沒有足夠證據便妄自相信、或把疑慮壓
抑住，以逃避調查來支持信仰，都被判定是不道德的。道理很簡單：
兩例中，當事人的信仰會對其他人造成重大影響。鑑於一個人的信仰
無論看來多麼平凡，他個人的身分有多卑微，對人類命運都不會連一
點重要性或一絲影響都沒有，所以，在面對其他信仰時，除一律採用
相同的判定方式之外，別無他法。信仰，這個神聖的天賦，按我們意
志促成決斷，並將我們擁有的綿密能量化為調和一致的作為，雖出於
我們自己，卻並非只為了我們自己，而是事關全人類。對於靠長期經
驗、歷盡艱險才得以建立，並在自由的明燈下通過檢驗，在無畏的質
疑下仍屹立不搖的，的確可做為我們的信仰，使大家得以凝聚在一
起，強化並指引共同的行為。若信仰未加證實，也從未去質疑，只為
了撫慰信仰者本身的喜好；若在安分守己的日常生活中，只添加表面
的光鮮亮麗，背後其實是華而不實的妄想；若只用自欺欺人的手段來
減輕自己的疑慮和苦處，卻連累大家；這些，對信仰來說，都只能算
是一種褻瀆。在這點上，任何受到族人尊崇的人，都該小心翼翼、兢
兢業業維護信仰的純淨，唯恐一不小心，便把不值得相信的東西當作
基礎，玷污信仰之名而遺臭萬年。

不光是領導者，政治家、哲學家、詩人，對人類都責無旁貸。每
位農夫在村裏的小酒館閒聊時，言談間就可能會扼殺或助長某些重大

的民俗迷信；每位工匠的妻子在操持家務之餘，就可能把凝聚或分裂社會的信仰傳授給孩子。頭腦再簡單、身分再卑微，都有責任對相信的任何事物加以探詢，這是普世的職責，無法逃避。

沒錯，扛起這份責任並不輕鬆，所衍生出來的疑慮也往往令人痛苦，本來覺得安全、周詳的想法，一下子卻變得非常脆弱、毫無根據。對任何事物，想要徹底了解，就要先去了解在任何情況下該怎麼做，無論發生什麼事，當自認為很清楚該怎麼做時，我們才會覺得心安、自在，反之，若迷路又不知該走向何方，便怎麼也心安、自在不起來。假如一開始就先認定自己什麼都知道，自以為事到臨頭也可以處理得很好，那麼在本能上，就不會想去發覺我們其實既無知，又無能為力，因為這樣一來，就得再重頭開始，重新了解事情的來龍去脈，學習該怎麼處理——若真能從中學到什麼的話。正由於感受到這種伴隨在知識理解上的力量，使得人們渴望相信，而害怕疑慮。

當經過徹底調查，確定信仰真是信仰，這種力量的感受最為強烈，也最令人愉悅。於是，我們也許可以理直氣壯地認定大家都是這樣，這東西不但對自己好，對別人也一樣好，然後，我們也許會很高興，不單學到讓自己更安全、更堅強的祕訣，也讓我們更能掌握這個世界；我們很強，不單是我們自己很強，而是以「人」之名，證明了人的力量。但是，假若信仰沒有充足的證據當作基礎，這份愉悅便是騙來的，不單是騙自己感覺擁有這份力量，更罪惡的，是無視於我們自身對人類的責任，這份責任是為了保護我們大家，以免讓瘟疫一般的信仰迅速控制自己之後，進而擴散到全城鎮的人。就為了摘一顆甜美的果實，便故意去冒可能會為親人、鄰里招來瘟疫的風險，該怎麼看待這種人呢？

　　而且，要考量的不是只有風險，其他類似情況也一樣，因為，一旦做了壞事，它就是壞事，無論壞事做完的結果是什麼。每當為一些不值得相信的理由讓自己陷入相信的境地時，便是在削弱我們自制、提出疑慮、公平公正憑證據判斷事物的能力。維護並支持錯誤的信仰，因而幹下要命的壞事，大家都要跟著遭殃；當這種信仰的勢力變強、四處蔓延之時，罪惡便應運而生。這還不打緊，還有勢力更強、蔓延更廣的罪惡會隨之而來，就是當大家崇尚輕信，養成莫名奇妙就相信的習慣之時。假如我偷別人的錢，單就財產的移轉來看，也許對別人並未造成傷害，他或許感覺不到有什麼損失，說不定還可防止他亂花錢。但是，當我不得不對人類幹下這檔大壞事時，我讓自己變成不誠實的人，這對社會造成的傷害並不只是財產的遺失，而是把社會變成賊窟，使社會不再成為社會。這便是我們不該為可能的善而作惡的原因，因為當幹下壞事，並成為壞蛋的時候，好處還不見得有，卻已造成更大的惡。同樣的道理，假如沒有足夠證據就讓自己相信任何事，單就信仰來看，這也許並未造成傷害，或許它就是真理，說不定根本就沒機會讓我幹出什麼事。但是，當我不得不對人類幹下這檔大壞事時，我讓自己變成輕信的人，這對社會造成的危害不僅是相信了錯事（當然這已經夠糟了），更糟的是把社會變得崇尚輕信，喪失對事物進行查證、深入探究的習慣，使社會沉淪，倒退回野蠻世界。

　　因個人輕信造成的危害並不僅限於助長他人的輕信，從而支持錯誤的信仰，若對自己相信的事情，都養成小心戒慎的習慣，當別人告訴我所謂的真理時，也會讓他養成小心戒慎的習慣。不管是自己心中的真，還是別人心中的真，當大家都對此抱持尊重的態度，人們才會彼此說真話，若連我自己都不小心戒慎，我相信是因為我喜歡、我

爽、我高興，那我的朋友們又如何尊重我心中的真呢？當和平根本不存在的時候，他會對著我高喊「和平」嗎？（Will he not learn to cry, 'Peace,' to me, when there is no peace?）若如此，在我四周便瀰漫了一股濃厚的虛偽、欺瞞的氣氛，而我必須生活在這種氣氛之中，對我來說，活在自己的空中樓閣，裏頭全是美好的假象和甜蜜的謊言，或許並沒什麼壞處，但對全人類來說，就不是好事，這會讓我周遭的人跟著一塊欺騙。一位輕信的人，就是一個謊言和騙徒的淵藪，他跟家人一起生活，那麼親近，最後會養出一窩同類的人根本不足為奇。所以，請把我們的責任緊密交織在一起，誰要是遵守了所有的法律，卻在這點上有所踰越，他就是有罪。

[譯註]

上頭有關「和平」的話語出自美國獨立戰爭的愛國者派翠克‧亨利（Patrick Henry，1736～1799）在1775年3月23日所發表的著名演說〈不自由毋寧死〉（Give Me Liberty or Give Me Death），當時有許多人主張和談以減輕英國的壓力，但他堅決主戰：「……諸位先生也許會高喊，和平，和平──但和平根本不存在，事實上，戰爭已經開始！……」（Gentlemen may cry, Peace, Peace ── but there is no peace. The war is actually begun!）

　　總而言之：任何人無論何時、何地，在缺乏證據下相信任何東西，就是錯誤的。

　　一個人的信仰，不論是孩提時代被教導出來的，或之後被人勸服而接受的，假如心中產生疑慮時卻把它壓抑下去，故意不去讀相關的書籍，刻意逃避對此提出疑問的朋友，對擾亂此信仰的問題一概視為

不敬——這個人的一生對人類將是一種長期的危害。

對一般平凡小老百姓來說，這樣的評斷似乎嚴厲了些，他們哪裏懂得什麼大道理，從一出生就被教養成不敢有任何懷疑，只要跟隨信仰，就會永遠幸福。這引申出一個非常嚴肅的問題：是誰使得以色列犯下了罪孽？

為了加強這種評斷方式的論點，容我引用 Milton 說的話：

> 一個信奉真理的人也有可能形同信奉邪說。假如牧師說什麼、教會規定什麼，他就跟著信什麼，沒別的理由，那麼就算他信的是真理，他所持的這份真理也已變成邪說。[1]

以及 Coleridge 的醒世名言：

> 誰要是愛基督教勝過真理，就會發展成愛他自己的教派或教會勝過基督教，最後演變成愛自己勝過一切。[2]

為證明某項義理的真假，探究的行動並非一勞永逸，並非只做一次，結論就永不改變。任何對疑慮的遏止都是不正當的，因為，疑慮若非因探究的行動而得到忠實的解答，便證明探究的行動尚未完成。

「但是，」有人會說，「我是個大忙人，要是一定得搞這麼久的探究，才能讓我對某些問題做出像樣的評斷，甚至光了解一下議論的本質都還不夠，那我可沒這閒工夫。」

真是這樣，那他大概也沒閒工夫去信什麼仰。

1　John Milton, *Areopagitica*, 1643.

2　Samuel Taylor Coleridge, *Aids to Reflection*, 1825.

附錄 B

風險範本

下頁是一份風險檔案的建議範本，倒不是一定要填這張表，或非得透過紙上作業才能管理風險，重點是在提醒你務必考量的一組資訊，包括辨識、評估、監控、再評估風險時會用得上的。我們也請你考量為建立風險庫而必須蒐集的資料，擁有一套過去風險的檔案和實際結果的資料庫，對未來的風險辨識和風險評估會很有幫助。沒有任何資料會比你自己的資料更適合你。

風險監控表

風險探索與評估：

風險簡稱：	風險監控編號：
發起人：	探索日期：
說明：	
機率：	風險圖：〔 〕
潛在成本：	潛在延誤天數：
風險成形指標：	

風險規劃：

風險類型：需要紓緩　　　　〔 〕
需要應變　　　　〔 〕
可接受（不需任何規劃）〔 〕
紓緩行動（風險成形前）：
應變行動（風險成形後）：

再評估紀錄：

日期	異動說明

最後處置：

風險成形了嗎？
若成形，實際成本：　　　　　　；實際延誤天數：
紓緩和應變規劃的成效：

參考資料

推薦文章

Charette, Robert N. "The New Risk Management." *Cutter Consortium Executive Report, Business-IT Strategies Advisory Service*, Vol. 3, No. 9 (2000).

軟體風險管理之父所寫的論文，共有35頁。

Fairley, Richard. "Risk Management for Software Projects." *IEEE Software*, Vol. 11, No. 3 (May 1994), pp. 57-67.

最棒的就是那10頁軟體專案風險管理的簡介。

IEEE Computer Society. "Managing Risk." *IEEE Software*, Vol. 14, No. 3 (May/June 1997).

這份文獻從頭到尾談的都是風險。

Keen, Peter G. W. "Information Systems and Organizational Change." *Communications of the ACM*, Vol. 24, No. 1 (January 1981), pp. 24-33.

　　如果只關心技術上的風險，這篇有關顧客／組織風險的入門文章
蠻適合你：針對每個實作，都預期至少發生一個阻撓實作
（counter-implementation）的情形。老生常談，但仍不失為好文
章。

U.S. General Accounting Office. "New Denver Airport: Impact of the
Delayed Baggage System," GAO Report GAO/RCED-95-35BR (October
1994).

　　請把行李一併帶上機，隨身保管好，我們丹佛機場不提供託運。

推薦書籍

Charette, Robert N. *Software Engineering Risk Analysis and Management*.
New York: McGraw-Hill, 1989.

　　這本書不容易讀，但寫得最詳盡。一旦讀下去，就會覺得樂趣無
窮。

DeMarco, Tom. *The Deadline: A Novel About Project Management*. New
York: Dorset House Publishing, 1997.（中譯本《最後期限》經濟新潮
社出版）

　　一本有關專案管理的小說……沒錯，是小說……以一個實際風險
為主軸：假如管理者帶不了這個案子，他就得死。

Goldratt, Eliyahu M. *Critical Chain*. Great Barrington, Mass.: The North

River Press, 1997.（中譯本《關鍵鏈》天下文化出版）

另一本奇特的專案管理小說，說明為什麼專案老是延誤，以及該
如何面對這類問題。你不見得會完全認同這本書的觀點，但內容
駭人聽聞的程度應該會讓大家心有戚戚焉，它將讓你重新思考一
切。

Grey, Stephen. *Practical Risk Assessment for Project Management.*
Chichester, England: John Wiley & Sons, 1995.

風險管理的英國式觀點──Grey 來自英國 ICL 公司。簡而言
之，它專講風險評估和支援風險管理的軟體，並以 Palisade 公司
的套裝軟體 *@RISK* 為例。

Hall, Elaine M. *Managing Risk: Methods for Software Systems
Development.* Reading, Mass.: Addison-Wesley, 1998.

另一本內容充實的軟體風險入門書，書中詳述組織的風險管理成
熟度各階段。

Jones, Capers. *Assessment and Control of Software Risks.* Englewood
Cliffs, N. J.: PTR Prentice Hall, 1994.

這本書涵蓋大部分常見的系統風險，講得非常生動有趣，裏頭的
統計數據可以嚇壞你的老闆！

McConnell, Steve. *Rapid Development: Taming Wild Software Schedules.*
Redmond, Wash.: Microsoft Press, 1996.（中譯本《微軟開發快速秘笈》

華彩軟體出版）

650 頁令人一再玩味的智慧之言，其中有一章專講風險管理，漂亮地把風險管理和快速開發（rapid development）緊密結合。

Wideman, R. Max, ed. *Project & Program Risk Management: A Guide to Managing Project Risks and Opportunities*. Newton Square, Penn.: Project Management Institute, 1992.

美國的專案管理學會（PMI）已把風險管理整合進入PMBOK——它們的專案管理知識體系。PMI 出版的這一系列書共有九冊，這本風險指引手冊是其中一本。

推薦網站

Cutter Consortium. Risk Management Intelligence Network: http://www.cutter.com/risk/index.html

由 Bob Charette 主導的付費網站，裏頭有許多必讀文章、資訊豐富的 Q&A 單元、以及持續開放的討論區。

Department of the Air Force, Software Technology Support Center. "Guidelines for Successful Acquisition and Management of Software-Intensive Systems," Version 3.0 (May 2000): http://www.stsc.hill.af.mil/resources/tech_docs/gsam3.html

這是一份整理得非常好的報告，共有 14 章，除了專講風險管理

的第 6 章之外，還包括許多其他議題。整篇報告（或部分）都可
免費下載……由全體納稅人支付，值得啦！

Department of Defense. Reports citing RM from the DoD Software
Acquisition Best Practices Initiative, Software Program Managers
Network (SPMN): http://www.spmn.com

由美國國防部海軍經營的 SPMN ，上頭有很多風險管理的有趣
（免費）文件，其他主題的文件也很多，還提供一個免費下載的
風險管理工具，叫做風險雷達（Risk Radar）。

IEEE Std. 1540-2001, "IEEE Standard for Software Life Cycle Processes
—Risk Management." Los Alamitos, Calif.: IEEE Computer Society
Press, 2001: http://www.ieee.org

這是電子電機工程師協會（Institute of Electrical and Electronics
Engineers, IEEE）認可的程序標準。

Software Engineering Institute. "Taxonomy Based Risk Identification,"
Report No. SEI. 93-TR-006: http://www.sei.cmu.edu/publications/
documents/93.reports/93.tr.006.html

這份報告包含了軟體工程協會（SEI）的風險分類；大概有 194
個問題的風險辨識入門套件（starter kit）。

其他

腦力激盪

de Bono, Edward. *Lateral Thinking: Creativity Step by Step*. New York: Perennial, Harper & Row, 1990. （中譯本《應用水平思考法》桂冠出版）

腦力激盪之父的經典之作。

_____. *Six Thinking Hats*. Boston: Little Brown & Co., 1999. （中譯本《六項思考帽》桂冠出版）

你想具備全方位的視野嗎？這裏有六個觀察事物的方法。

von Oech, Roger. *A Whack on the Side of the Head: How You Can Be More Creative*. New York: Warner Books, 1998. （中譯本《當頭棒喝：如何讓你更有創意》滾石文化出版）

激發創意的頭腦體操。

漸進法

Beck, Kent. *Extreme Programming Explained: Embrace Change*. Reading, Mass.: Addison-Wesley, 2000. （中譯本《極致軟體製程》台灣培生出版）

假如你還沒讀過 XP 或 agile 方法論的書，不妨從這本開始。

_____. and Martin Fowler. *Planning Extreme Programming*. Reading, Mass.: Addison-Wesley, 2001.（中譯本《規劃極致軟體製程》台灣培生出版）

做為一套風險管理策略，XP 可說是非常符合風險管理的精神。以顧客律定的價值為基礎，決定出為期兩週的規劃和交付週期，並設計一套內建（built-in）的風險紓緩策略，防止交期延誤。如同 Beck 和 Fowler 在第 18 頁所說的：「好顧客會負專案最後成敗之責。」這在你所處的工作環境可能嗎？

Gilb, Tom. *Principles of Software Engineering Management*, ed. Susannah Finzi. Wokingham, England: Addison-Wesley, 1988.

Gilb 是最堅決、最早提倡漸進式開發的人之一，即「進化交付」（evolutionary delivery）。

事後檢討

Collier, Bonnie, Tom DeMarco, and Peter Fearey. "A Defined Process for Project Postmortem Review." *IEEE Software*, Vol. 13, No. 4 (July 1996), pp. 65-72.

這篇文章文如其名，我們需要的正是*明確過程*（defined process）——而不是靠經驗！

Kerth, Norman L. *Project Retrospectives: A Handbook for Team Reviews*. New York: Dorset House Publishing, 2001.

這本專講事後檢討的小書，可幫助你建立有效的回饋循環
（feedback loop），進而從中學習爾後如何做得更好。

真實案例

Bernstein, Peter L. *Against the Gods: The Remarkable Story of Risk*. New
York: John Wiley & Sons, 1996. （中譯本《與天為敵》商周出版）

這本書是一群思想家的故事，這群思想家向世人展現如何了解和
量測風險，注意第 1 頁的一段話「區隔現代和古代的革命性分
際，在於人們想控制風險……」

Bridges, William. *Managing Transitions: Making the Most of Change*.
Reading, Mass.: Perseus Books, 1991.

為什麼叫人們改變原有的做法這麼難——提示：這總是得訴諸感
性——以及該怎麼做才有助於變革。

Petroski, Henry. *To Engineer Is Human: The Role of Failure in Successful
Design*. New York: Vintage Books, 1992.

由 Duke 大學環境工程系教授 Petroski 所著，內容是關於真正的
工程師是如何處理具有真正風險的巨大利益。真正的經典之作，
初版是在 1985 年。

Rawnsley, Judith H. *Total Risk: Nick Leeson and the Fall of Barings
Bank*. New York: HarperBusiness, 1995.

一位 28 歲的交易員如何把一家大型金融機構搞垮？一而再、再
而三地押錯寶，也沒人注意情況不妙！這個不做風險管理的活生
生案例，你想編也編不出來。

U. S. Marine Corps Staff. *Warfighting: The U.S. Marine Corps Book of Strategy*. New York: Currency Doubleday, 1994.

啥？一本談作戰的書？沒錯，這本超級棒的小書不但跟打仗有
關，也適用於軟體專案，絕對跟你有切身關係。

Vaughan, Karen. *The Challenger Launch Decision: Risky Technology, Culture, and Deviance at NASA*. Chicago: University of Chicago Press, 1996.

這份公開的紀錄中說，挑戰者號太空梭爆炸係肇因於政治和經濟
的雙重壓力，壓力大到連一個合理的風險管理都沒法做。這本嚴
謹的學術著作還談到某些令所有組織更棘手、更擔憂的事物。

根源分析

Andersen, Bjorn, ed. *Root Cause Analysis: Simplified Tools and Techniques*. Milwaukee: American Society for Quality, 1999.

一本在根源分析方面評價很高的書。

Gano, Dean. *Apollo Root Cause Analysis: A New Way of Thinking*, ed. Vicki E. Lee. Yakima, Wash.: Apollonian Publications, 1999.

另一本根源分析的書，也相當受歡迎。

Goal/QPC. "Hoshin Planning Research Report." Salem, N. H.: Goal/QPC, 1989.

特別要看第 4 章的「親和圖（affinity diagram）和 KJ 法」。

Shiba, Shoji, Alan Graham, and David Walden. *A New American TQM*. Portland, Oreg.: Productivity Press, 1993.

這本書講的是全面品質管理（Total Quality Management）中的根源分析。

雙贏螺旋程序模型

Boehm, Barry W., and Hoh In. "Identifying Quality-Requirements Conflicts." *IEEE Software*, Vol. 13, No. 2 (March 1996), pp. 25-35.

很有趣的入門書。若想參考更多雙贏螺旋模型的資料，請自行上南加大的網站：http://sunset.usc.edu/research/WINWIN/ winwinspiral.html

索引

譯後記

感謝兩位辛苦幫我校稿的同事。郭獻章先生對中文的嚴格要求，以及直言不諱的批評，給原本自負的我起了很大的警惕作用。徐國振先生憑藉優異的英文能力，糾正出許多誤譯之處。

感謝 Tom DeMarco 前輩在百忙中不厭其煩解答我的疑惑，並協助更正原著中少許錯誤。

如果您發現任何漏譯、誤譯、錯別字，或有任何建議，歡迎來信告訴我：cii@ms1.hinet.net

跟兩歲、以及剛滿三個月的千千、田田說對不起，為了翻譯這本書，爸爸犧牲了許多陪妳們成長、玩耍的時間。「把拔咧？在工作！」希望還彌補得回來。

中山科學研究院   錢一一

2004 年 8 月

書　號	書　　　名	作　者	定價
QB1008	殺手級品牌戰略：高科技公司如何克敵致勝	保羅‧泰柏勒、李國彰	280
QB1015X	六標準差設計：打造完美的產品與流程	舒伯‧喬賀瑞	360
QB1016X	我懂了！六標準差設計：產品和流程一次OK！	舒伯‧喬賀瑞	260
QB1021X	最後期限：專案管理101個成功法則	湯姆‧狄馬克	360
QB1023	人月神話：軟體專案管理之道	Frederick P. Brooks, Jr.	480
QB1024X	精實革命：消除浪費、創造獲利的有效方法（十週年紀念版）	詹姆斯‧沃馬克、丹尼爾‧瓊斯	550
QB1026X	與熊共舞：軟體專案的風險管理（經典紀念版）	湯姆‧狄馬克、提摩西‧李斯特	480
QB1027X	顧問成功的祕密（10週年智慧紀念版）：有效建議、促成改變的工作智慧	傑拉爾德‧溫伯格	400
QB1028X	豐田智慧：充分發揮人的力量（經典暢銷版）	若松義人、近藤哲夫	340
QB1041	要理財，先理債	霍華德‧德佛金	280
QB1042	溫伯格的軟體管理學：系統化思考（第1卷）	傑拉爾德‧溫伯格	650
QB1044	邏輯思考的技術：寫作、簡報、解決問題的有效方法	照屋華子、岡田惠子	300
QB1045	豐田成功學：從工作中培育一流人才！	若松義人	300
QB1046	你想要什麼？：56個教練智慧，把握目標迎向成功	黃俊華、曹國軒	220
QB1049	改變才有救！：培養成功態度的57個教練智慧	黃俊華、曹國軒	220
QB1050	教練，幫助你成功！：幫助別人也提升自己的55個教練智慧	黃俊華、曹國軒	220
QB1051X	從需求到設計：如何設計出客戶想要的產品（十週年紀念版）	唐納德‧高斯、傑拉爾德‧溫伯格	580
QB1052C	金字塔原理：思考、寫作、解決問題的邏輯方法	芭芭拉‧明托	480
QB1053X	圖解豐田生產方式	豐田生產方式研究會	300
QB1055X	感動力	平野秀典	250
QB1058	溫伯格的軟體管理學：第一級評量（第2卷）	傑拉爾德‧溫伯格	800
QB1059C	金字塔原理Ⅱ：培養思考、寫作能力之自主訓練寶典	芭芭拉‧明托	450
QB1062X	發現問題的思考術	齋藤嘉則	450
QB1063	溫伯格的軟體管理學：關照全局的管理作為（第3卷）	傑拉爾德‧溫伯格	650

經濟新潮社　　　　　　〈經營管理系列〉

書　號	書　　　名	作　　者	定價
QB1069X	領導者，該想什麼？：運用MOI（動機、組織、創新），成為真正解決問題的領導者	傑拉爾德·溫伯格	450
QB1070X	你想通了嗎？：解決問題之前，你該思考的6件事	唐納德·高斯、傑拉爾德·溫伯格	320
QB1071X	假說思考：培養邊做邊學的能力，讓你迅速解決問題	內田和成	360
QB1075X	學會圖解的第一本書：整理思緒、解決問題的20堂課	久恆啟一	360
QB1076X	策略思考：建立自我獨特的insight，讓你發現前所未見的策略模式	御立尚資	360
QB1080	從負責到當責：我還能做些什麼，把事情做對、做好？	羅傑·康納斯、湯姆·史密斯	380
QB1082X	論點思考：找到問題的源頭，才能解決正確的問題	內田和成	360
QB1083	給設計以靈魂：當現代設計遇見傳統工藝	喜多俊之	350
QB1089	做生意，要快狠準：讓你秒殺成交的完美提案	馬克·喬那	280
QB1091	溫伯格的軟體管理學：擁抱變革（第4卷）	傑拉爾德·溫伯格	980
QB1092	改造會議的技術	宇井克己	280
QB1093	放膽做決策：一個經理人1000天的策略物語	三枝匡	350
QB1094	開放式領導：分享、參與、互動——從辦公室到塗鴉牆，善用社群的新思維	李夏琳	380
QB1095X	華頓商學院的高效談判學（經典紀念版）：讓你成為最好的談判者！	理查·謝爾	430
QB1098	CURATION策展的時代：「串聯」的資訊革命已經開始！	佐佐木俊尚	330
QB1100	Facilitation引導學：創造場域、高效溝通、討論架構化、形成共識，21世紀最重要的專業能力！	堀公俊	350
QB1101	體驗經濟時代（10週年修訂版）：人們正在追尋更多意義，更多感受	約瑟夫·派恩、詹姆斯·吉爾摩	420
QB1102X	最極致的服務最賺錢：麗池卡登、寶格麗、迪士尼都知道，服務要有人情味，讓顧客有回家的感覺	李奧納多·英格雷利、麥卡·所羅門	350
QB1105	CQ文化智商：全球化的人生、跨文化的職場——在地球村生活與工作的關鍵能力	大衛·湯瑪斯、克爾·印可森	360

經濟新潮社　〈經營管理系列〉

書　號	書　　名	作　者	定價
QB1107	當責，從停止抱怨開始：克服被害者心態，才能交出成果、達成目標！	羅傑·康納斯、湯瑪斯·史密斯、克雷格·希克曼	380
QB1108X	增強你的意志力：教你實現目標、抗拒誘惑的成功心理學	羅伊·鮑梅斯特、約翰·堤爾尼	380
QB1109	Big Data大數據的獲利模式：圖解·案例·策略·實戰	城田真琴	360
QB1110X	華頓商學院教你看懂財報，做出正確決策	理查·蘭柏特	360
QB1111C	V型復甦的經營：只用二年，徹底改造一家公司！	三枝匡	500
QB1112	如何衡量萬事萬物：大數據時代，做好量化決策、分析的有效方法	道格拉斯·哈伯德	480
QB1114	永不放棄：我如何打造麥當勞王國	雷·克洛克、羅伯特·安德森	350
QB1117	改變世界的九大演算法：讓今日電腦無所不能的最強概念	約翰·麥考米克	360
QB1120X	Peopleware：腦力密集產業的人才管理之道（經典紀念版）	湯姆·狄馬克、提摩西·李斯特	460
QB1121	創意，從無到有（中英對照×創意插圖）	楊傑美	280
QB1123	從自己做起，我就是力量：善用「當責」新哲學，重新定義你的生活態度	羅傑·康納斯、湯姆·史密斯	280
QB1124	人工智慧的未來：揭露人類思維的奧祕	雷·庫茲威爾	500
QB1125	超高齡社會的消費行為學：掌握中高齡族群心理，洞察銀髮市場新趨勢	村田裕之	360
QB1126	【戴明管理經典】轉危為安：管理十四要點的實踐	愛德華·戴明	680
QB1127	【戴明管理經典】新經濟學：產、官、學一體適用，回歸人性的經營哲學	愛德華·戴明	450
QB1129	系統思考：克服盲點、面對複雜性、見樹又見林的整體思考	唐內拉·梅多斯	450
QB1131	了解人工智慧的第一本書：機器人和人工智慧能否取代人類？	松尾豐	360
QB1132	本田宗一郎自傳：奔馳的夢想，我的夢想	本田宗一郎	350
QB1133	BCG頂尖人才培育術：外商顧問公司讓人才發揮潛力、持續成長的祕密	木村亮示、木山聰	360

書　號	書　　名	作　者	定價
QB1134	馬自達 Mazda 技術魂：駕馭的感動，奔馳的祕密	宮本喜一	380
QB1135	僕人的領導思維：建立關係、堅持理念、與人性關懷的藝術	麥克斯・帝普雷	300
QB1136	建立當責文化：從思考、行動到成果，激發員工主動改變的領導流程	羅傑・康納斯、湯姆・史密斯	380
QB1137	黑天鵝經營學：顛覆常識，破解商業世界的異常成功個案	井上達彥	420
QB1138	超好賣的文案銷售術：洞悉消費心理，業務行銷、社群小編、網路寫手必備的銷售寫作指南	安迪・麥斯蘭	320
QB1139	我懂了！專案管理（2017年新增訂版）	約瑟夫・希格尼	380
QB1140	策略選擇：掌握解決問題的過程，面對複雜多變的挑戰	馬丁・瑞夫斯、納特・漢拿斯、詹美賈亞・辛哈	480
QB1141	別怕跟老狐狸說話：簡單說、認真聽，學會和你不喜歡的人打交道	堀紘一	320
QB1143	比賽，從心開始：如何建立自信、發揮潛力，學習任何技能的經典方法	提摩西・高威	330
QB1144	智慧工廠：迎戰資訊科技變革，工廠管理的轉型策略	清威人	420
QB1145	你的大腦決定你是誰：從腦科學、行為經濟學、心理學，了解影響與說服他人的關鍵因素	塔莉・沙羅特	380
QB1146	如何成為有錢人：富裕人生的心靈智慧	和田裕美	320
QB1147	用數字做決策的思考術：從選擇伴侶到解讀財報，會跑 Excel，也要學會用數據分析做更好的決定	GLOBIS商學院著、鈴木健一執筆	450
QB1148	向上管理・向下管理：埋頭苦幹沒人理，出人頭地有策略，承上啟下、左右逢源的職場聖典	蘿貝塔・勤斯基・瑪圖森	380
QB1149	企業改造（修訂版）：組織轉型的管理解謎，改革現場的教戰手冊	三枝匡	550
QB1150	自律就是自由：輕鬆取巧純屬謊言，唯有紀律才是王道	喬可・威林克	380
QB1151	高績效教練：有效帶人、激發潛力的教練原理與實務（25週年紀念增訂版）	約翰・惠特默爵士	480
QB1152	科技選擇：如何善用新科技提升人類，而不是淘汰人類？	費維克・華德瓦、亞歷克斯・沙基佛	380

書　號	書　　　　名	作　者	定價
QB1153	自駕車革命：改變人類生活、顛覆社會樣貌的科技創新	霍德‧利普森、梅爾芭‧柯曼	480
QB1154	U型理論精要：從「我」到「我們」的系統思考，個人修練、組織轉型的學習之旅	奧圖‧夏默	450
QB1155	議題思考：用單純的心面對複雜問題，交出有價值的成果，看穿表象、找到本質的知識生產術	安宅和人	360
QB1156	豐田物語：最強的經營，就是培育出「自己思考、自己行動」的人才	野地秩嘉	480
QB1157	他人的力量：如何尋求受益一生的人際關係	亨利‧克勞德	360
QB1158	2062：人工智慧創造的世界	托比‧沃爾許	400
QB1159	機率思考的策略論：從消費者的偏好，邁向精準行銷，找出「高勝率」的策略	森岡毅、今西聖貴	550
QB1160	領導者的光與影：學習自我覺察、誠實面對心魔，你能成為更好的領導者	洛麗‧達絲卡	380
QB1161	右腦思考：善用直覺、觀察、感受，超越邏輯的高效工作法	內田和成	360
QB1162	圖解智慧工廠：IoT、AI、RPA如何改變製造業	松林光男審閱、川上正伸、新堀克美、竹內芳久編著	420
QB1163	企業的惡與善：從經濟學的角度，思考企業和資本主義的存在意義	泰勒‧柯文	400
QB1164	創意思考的日常練習：活用右腦直覺，重視感受與觀察，成為生活上的新工作力！	內田和成	360
QB1165	高說服力的文案寫作心法：為什麼你的文案沒有效？教你潛入顧客內心世界，寫出真正能銷售的必勝文案！	安迪‧麥斯蘭	450
QB1166	精實服務：將精實原則延伸到消費端，全面消除浪費，創造獲利（經典紀念版）	詹姆斯‧沃馬克、丹尼爾‧瓊斯	450
QB1167	助人改變：持續成長、築夢踏實的同理心教練法	理查‧博雅吉斯、梅爾文‧史密斯、艾倫‧凡伍思坦	380
QB1168	刪到只剩二十字：用一個強而有力的訊息打動對方，寫文案和說話都用得到的高概念溝通術	利普舒茲信元夏代	360

書　號	書　　　名	作　　者	定價
QC1064	**看得見與看不見的經濟效應**：為什麼政府常犯錯、百姓常遭殃？人人都該知道的經濟真相	弗雷德里克・巴斯夏	320
QC1065	**GDP又不能吃**：結合生態學和經濟學，為不斷遭到破壞的環境，做出一點改變	艾瑞克・戴維森	350
QC1066	**百辯經濟學**：為娼妓、皮條客、毒販、吸毒者、誹謗者、偽造貨幣者、高利貸業者、為富不仁的資本家……這些「背德者」辯護	瓦特・布拉克	380
QC1067	**個體經濟學 入門的入門**：看圖就懂！10堂課了解最基本的經濟觀念	坂井豐貴	320
QC1068	**哈佛商學院最受歡迎的7堂總體經濟課**	大衛・莫斯	350
QC1069	**貿易戰爭**：誰獲利？誰受害？解開自由貿易與保護主義的難解之謎	羅素・羅伯茲	340
QC1070	**如何活用行為經濟學**：解讀人性，運用推力，引導人們做出更好的行為，設計出更有效的政策	大竹文雄	360

經濟新潮社　　〈自由學習系列〉

書　號	書　名	作　者	定價
QD1001	想像的力量：心智、語言、情感，解開「人」的祕密	松澤哲郎	350
QD1002	一個數學家的嘆息：如何讓孩子好奇、想學習，走進數學的美麗世界	保羅・拉克哈特	250
QD1004	英文寫作的魅力：十大經典準則，人人都能寫出清晰又優雅的文章	約瑟夫・威廉斯、約瑟夫・畢薩普	360
QD1005	這才是數學：從不知道到想知道的探索之旅	保羅・拉克哈特	400
QD1006	阿德勒心理學講義	阿德勒	340
QD1008	服從權威：有多少罪惡，假服從之名而行？	史丹利・米爾格蘭	380
QD1009	口譯人生：在跨文化的交界，窺看世界的精采	長井鞠子	300
QD1010	好老師的課堂上會發生什麼事？──探索優秀教學背後的道理！	伊莉莎白・葛林	380
QD1011	寶塚的經營美學：跨越百年的表演藝術生意經	森下信雄	320
QD1012	西方文明的崩潰：氣候變遷，人類會有怎樣的未來？	娜歐蜜・歐蕾斯柯斯、艾瑞克・康威	280
QD1014	設計的精髓：當理性遇見感性，從科學思考工業設計架構	山中俊治	480
QD1015	時間的形狀：相對論史話	汪潔	380
QD1017	霸凌是什麼：從教室到社會，直視你我的暗黑之心	森田洋司	350
QD1018	編、導、演！眾人追看的韓劇，就是這樣誕生的！：《浪漫滿屋》《他們的世界》導演暢談韓劇製作的祕密	表民秀	360
QD1019	多樣性：認識自己，接納別人，一場社會科學之旅	山口一男	330
QD1020	科學素養：看清問題的本質、分辨真假，學會用科學思考和學習	池內了	330
QD1021	阿德勒心理學講義2：兒童的人格教育	阿德勒	360
QD1023	老大人陪伴指南：青銀相處開心就好，想那麼多幹嘛？	三好春樹	340

經濟新潮社	〈自由學習系列〉		
書　號	書　　　名	作　　者	定價
QD1024	過度診斷：我知道「早期發現、早期治療」，但是，我真的有病嗎？	H‧吉爾伯特‧威爾奇、麗莎‧舒華茲、史蒂芬‧沃洛辛	380
QD1025	自我轉變之書：轉個念，走出困境，發揮自己力量的12堂人生課	羅莎姆‧史東‧山德爾、班傑明‧山德爾	360
QD1026	教出會獨立思考的小孩：教你的孩子學會表達「事實」與「邏輯」的能力	苅野進、野村龍一	350
QD1027	從一到無限大：科學中的事實與臆測	喬治‧加莫夫	480
QD1028	父母老了，我也老了：悉心看顧、適度喘息，關懷爸媽的全方位照護指南	米利安‧阿蘭森、瑪賽拉‧巴克‧維納	380
QD1029	指揮家之心：為什麼音樂如此動人？指揮家帶你深入音樂表象之下的世界	馬克‧維格斯沃	400
QD1030	關懷的力量（經典改版）	米爾頓‧梅洛夫	300
QD1031	療癒心傷：凝視內心黑洞，學習與創傷共存	宮地尚子	380
QD1032	英文的奧妙：從拼字、文法、標點符號到髒話，《紐約客》資深編輯的字海探險	瑪莉‧諾里斯	380
QD1033	希望每個孩子都能勇敢哭泣：情緒教育，才是教養孩子真正的關鍵	大河原 美以	330
QD1034	容身的地方：從霸凌的政治學到家人的深淵，日本精神醫學權威中井久夫的觀察手記	中井久夫	340
QD1035	如何「無所事事」：一種對注意力經濟的抵抗	珍妮‧奧德爾	400

國家圖書館出版品預行編目資料

與熊共舞：軟體專案的風險管理／湯姆‧狄馬克
（Tom DeMarco），提摩西‧李斯特（Timothy
Lister）著；錢一一譯. -- 二版. -- 臺北市：
經濟新潮社出版：英屬蓋曼群島商家庭傳媒股
份有限公司城邦分公司發行, 2021.04
　　面；　公分. --（經營管理；26）
譯自：Waltzing with bears: managing risk on
software projects
　ISBN 978-986-06116-9-4（平裝）

　1.軟體研發　2.風險管理

312.92　　　　　　　　　　　　　　110004786